U0380542

基金项目资助来源：

中南民族大学中央高校基本科研业务费专项资金资助（CSH18013）；

湖北省社会科学基金项目（BSY17008）；

中南民族大学校级重点教学研究项目（JYZD18025）；

中南民族大学中央高校基本科研业务费专项资金资助（CSW15101）。

鄂南地区现存古桥建筑
艺术研究

夏晋 / 著

人民出版社

目 录
Contents

前　言

　　作为我国市镇基础设施中最为重要的交通设施,桥梁建筑不仅连接着市镇经济、交通的命脉,也关系着我国特定历史时期审美、建筑艺术及文化的发展水平,是中华文明繁荣与发展的重要标志和象征之一。然而,伴随着社会、经济、文化的发展,我国城市交通出行方式、基础设施结构、社群发展需求也发生了巨大的变革,例如:城市日益加以扩建、道路逐渐被扩宽、航道也开始多元化升级……那些昔日里车水马龙,迎来送往,且早已饱经沧桑的一座座古桥如今也渐渐遭受到了巨大的冲击。它们正以惊人的速度面临着即将大量消失的危机,即使那些曾经被列为各级各类保护单位的古桥梁建筑,很多也正在经受着并不适当的修缮与维护,而对于古桥建筑艺术及其文化整体的保护工作也显然处于迫在眉睫之中。

　　鄂南素有"千桥之乡"的美誉,其境内现存百年以上古桥数量之多、保持之完好、文化底蕴之深厚、个性之鲜明,在荆楚大地上是绝无仅有的,相对于全国而言也不多见。鄂南地区乡野古桥建筑群脱胎于湘、浙、赣技艺文化的传承,根植于楚地山水的神韵,最终形成鄂南文化的主干,无论是营造技艺,还是设计实用性以及文化内涵都具有较高的学术价值和历史价值。

　　作为文化现象的鄂南乡野古桥梁建筑,可能没有中国古典园林中的小桥那么华丽秀美,却有着更为实用的价值。这些弯曲的乡野小桥,常隐没于广阔的山林阡陌之中,细细的流水绕村而过,在丘陵沟壑间与潺潺溪水共鸣,它们所提供的或许仅仅是路人行走的方便,抑或是古道山峦间商旅穿行的便捷,但它们粗犷质朴的外表下,却同样展现着自身独特的内涵与魅力。这既是一方地域文明展示的结果,是鄂南地域乡土文化载体的体现;也是鄂南地区文化艺术思维的结晶,是鄂南民众社会生活活动的组成,涉及鄂南文化物质与精神生活的诸多方面。我们只有将鄂南乡野古桥建筑艺术还原于鄂南地区民众生活的原生环境中,才能更为深入地去探讨这些乡野古桥建筑艺术所内蕴的乡土文化本质。

本书试图将散落于鄂南乡野、村落或是城市中的古桥建筑艺术的发生、发展及存在状态落脚于鄂南地域文化的整体背景和生长环境之中，从艺术生态的角度对鄂南乡野古桥文化进行综合对比、分析和研究。其中，包括对古桥梁建筑构建与设计中的自然生态观念，古桥建造艺术对自然生态的开发与利用进行分析等。并对鄂南地区现存古桥与民众生活的关系，古桥建筑艺术形态所蕴涵的信仰与观念、传说故事、伦理情感、真善美的统一等精神文化形态进行探讨，从而相对全面地揭示鄂南乡野古桥建筑艺术的文化生态基础及其作为鄂南文化的内容与载体的特征。

研究将鄂南境内现存的乡野古桥梁建筑置于荆楚文化的大视野中，建构了一种以古桥建筑艺术形态为本体意义的研究方法。研究以鄂南现存古桥建筑艺术的田野调查为基础，辅以相关文献史料的数据信息考证，并试图从鄂南古桥梁建筑的形态、结构、装饰及其题刻、碑记等多维艺术视角，对鄂南地区古桥梁建筑的传统造型特征、营造技艺流程、文化艺术内涵进行归纳与总结，梳理鄂南地区乡野古桥的共性特征，提炼古桥梁建筑形态的有机成分，以最终勾勒出其乡土地域的文化图谱与脉络，形成鄂南"桥"文化的形态结构"语言"。借助于文化生态学、建筑学、美学、民俗学等相关学科领域的理论及研究方法，特别是从文化生态学的角度，分析了荆楚文化背景下鄂南地域环境对古桥梁建造的影响，对蕴含其中的因宜就势、生态制宜的营造观念，以及循乡土而拙朴、灵秀、内敛的艺术思维，及其地缘优势所独具的开放、多元，且兼容并包的人文创造价值，进行了综合研究和本体还原；同时，通过对其地域性、经济性、人文性等多维视角，及其保护与发展中的现实困境的分析，重新审视其当下的价值，以发展的视野再绘鄂南千桥文化艺术生态的未来图景，并期盼能借此为鄂南地区乃至荆楚文化抑或是我国古桥梁研究、保护与管理工作提供一些宝贵的建议。

序

    从"新农村建设"到"美丽乡村",再发展至当下的"乡村振兴";从"城乡统筹""城乡一体化"发展到"城乡融合",党中央、国务院以及各级政府对于城乡建设、乡土文化可持续发展的重视与关注可见一斑。而在国内,不同学科、不同领域相关乡土建设发展的研究也从未间断过。在我国,对于乡土建筑艺术的研究与关注缘起于20世纪30年代,伴随着中国营造学社的古建筑研究起步,并逐步成为一个独立的研究领域;20世纪80年代初,以吴良镛教授为代表的学者将"地区性"观念明确提出,建筑的"地区性"作为一个重要的内容,再次将乡土建筑艺术研究的地区性问题引向了深入;继20世纪末,中国建筑界对于地区建筑文化的关注,也逐渐从最初的"文化身份"的认同和确立的焦虑,演变为对"地区性"本质的、多元化探索的自觉。近年来,相关研究更是在理论与实践上不断拓展,并呈现方兴未艾之势。

    建筑,既是时代的产物,也是历史的见证。作为文化的重要载体,它是我们认识和了解一个国家或一个民族,抑或是一方地域历史发展及其演变的重要依据。然而,建筑的变化与发展往往也会对其所承载的文化造成影响。对于那些尚处于新型城镇化浪潮和大规模新农村建设旋涡中的中国乡土建筑而言,究竟是"削其足,以寻其适履",以牺牲乡土社区生活多样性的代价来适应当下"万村一貌"的发展模式,还是维持其原汁原味的乡土多样性,任由其盲目发展呢?任何一方乡土文化都是不同社会环境下的独特产物,都有着其自身产生与发展的内在逻辑与历史轨迹,切不可以单一的进化标准去衡量不同文化价值间的差异。但要想更好地推进乡土建筑的特色化保护,则必然要去了解这些地域建筑发展的历史动因和内蕴逻辑,从其恒常与变异因素中去辨析相关事物间的复杂性与关联性。也只有乡土地域内部得以连续发展，才能维持其自身的独特个性。

桥，非简单造作之物。山水因桥而连，村落因桥而聚，市井因桥而兴，风俗因桥而起，情愫因桥而生。与其他乡土建筑单体不同，我国桥梁建筑历史悠久，历经数千年的传衍展拓，早已与山河大地融为一体。其擘画天地、与自然和谐对话的古桥则彰显郁郁文明。它们飞架于江河湖海之上，跨越于沟壑山谷之间，盘旋于交通要道之中，点缀于园林庭院之内。或雄伟壮观，或挺拔傲岸，有的玲珑剔透，有的曲曲弯弯……形成了一条丰腴且延绵的文化生态"纽带"，不仅连接着历史、现实和未来，反映着社会发展的轨迹，记录着惊天动地的轶事，流传着美丽动人的故事，也关联着一方乡土山水、经济、文化等生态文明发展的兴衰。

鄂南的桥，是鄂南地区创造者的丰碑。它既记录着鄂南地区淳朴工匠的艰辛，也凝聚着人民的智慧；展现的是其精湛的营造技艺，回荡的更是别具韵味的风土人情。在倡导生态文明的当下，文化多元之价值获得了前所未有的推崇，适应不同地域自然、人文环境的中国地域乡土建筑也在现代化的浪潮中，日益需要人们重视。《乡野古桥》一书正是在这一背景下出版的。不同于传统以图片纪实、背景传记类描述为主要阐述方式的古桥研究专著，作者以鄂南地区古桥建筑艺术为主要线索，以切身体悟为事实依据，从历史、用途、环境、习俗、人文、营造技术等方面多角度、多形式地展开相关研究，试图通过研究揭示出深厚的鄂南历史文化底蕴，综合反映出传统荆楚小城与我国江南水乡截然不同的原野风情。该书不仅能为鄂南地区现存文物遗迹、人文景观和优美的自然环境保护提供事实依据，同时，也能为尚处在乡土文化振兴与生态文明特色发展中的鄂南乡土文明，架构一座可咨借鉴与有序发展的生态发展之桥。并为当下发展热潮中的小城镇发展保持其地域原生的乡土性、建筑营造的生态性，以及促进生态文明的延续性提供了必要的参考。

2018 年 10 月 12 日
于清华大学美术学院

1　绪　　论

1.1　"千桥之乡"鄂南乡野古桥建筑文化忧思

桥梁建筑,作为我国古代城市交通中最为重要的市镇基础设施,不仅牵系着古代城市经济、交通的命脉,也折射了我国特定历史时期审美、建筑艺术及文化的发展水平,是中华文明繁荣与发展的重要标志和象征之一。我国古桥梁建造历史悠久,较大型桥梁水利建造工程在周秦时代已不鲜见,至唐宋时期兴盛,并随技术演进演化至今。它作为一种中国古代建筑中极为重要的形制,不仅具有横跨于山水间的交通纽带作用,而且极富中国人文乡土地域情怀下的本土特征,其结构造型、艺术装饰、设计原理等诸多方面均开创了同一时期世界桥梁史上的先河,为国人之荣耀。

鄂南,素有"千桥之乡"的美誉,其区域内现存百年以上古桥数量之多、保持之完好、文化底蕴之深厚、个性之鲜明,在荆楚大地上绝无仅有,相对于全国而言也不多见。鄂南地区乡野古桥历史悠久、风格多样,具有丰厚的历史文化积淀。与"小桥流水人家"的江浙古桥不同,其脱胎于湘、浙、赣技艺文化传承,根植于楚地山水神韵,当地的高山、隽水、茂林、苍野造就了其独树一帜的"乡野"气息。独特的地域乡土文化的孕育与衍化,也日益沉淀出其因桥而生、因桥而兴的古桥地理人文环境以及深厚的历史文化韵味。悠久的鄂南古桥建筑遗存,所书写的不仅是鄂南人文的历史,更是活化为鄂南乡土一张张亮丽的名片,在鄂南地域建设发展史上占据着重要的位置。其承载的不仅是整个鄂南地区乡土小城文明的发展轨迹,更是鄂南地域上物质文明与精神文化的精髓。

然而,研究者在对鄂南地区现存的乡野古桥建筑风貌的实证调研中发现,这一张张鄂南文化的珍稀"名片",却因为社会经济的快速发展而逐渐凋零,甚至危在旦夕。由于城乡交通建设的改造升级,一座座城市高架桥梁与建筑拔地而起,城乡的道路也在不断地被扩建,甚至改建,为了缓解城市交通拥堵的压力,那些连接城市或乡村的小桥,抑或是那些饱经沧桑的陈旧古桥,却因为无法满足现代交通的承载需求或现实需要,逐渐面临着被拆除的命运。即使是那些默默散落于乡野边角的古桥梁建筑,也多被杂草树丛掩盖废弃。然而,这种现象仍然在延续。研究认为,鄂南地区古桥梁建筑的乡野艺术特色有其自身独特的乡土地域特征,是丰富当下鄂南地区物质文明与精神文化的重要载体,具有重要的研究与保护价值。同时,为了能将鄂南地区乡野古桥建筑艺术以及文化继续传承下去,应呼吁全社会关注鄂南地区乡野古桥梁的保护,更加清晰地认识到鄂南地区乡野古桥的价值所在,并加强鄂南地区乡野古桥梁建筑文化特色的保护,加快公共文化服务体系建设,优化调整文化产业结构,统筹开发利用文化资源,提高人民群众的文化生活质量,保障桥梁建设文化生态与经济社会协调发展,提升鄂南文化软实力和整体竞争力,以持续为当下乡土地域的现代文明与原生态增光添彩。

1.2　研究鄂南古桥建筑的意义

截至日前文物普查统计,鄂南辖区内现存百年以上的古桥涵类建筑共计672处。其数量之多、保持之完好、文化底蕴之深厚、个性之鲜明,在荆楚大地上绝无仅有,相对于全国而言也不多见。与已有相关学术研究关注于单一古桥建筑或某一地域古桥建筑群体的本体"孤本"价值认知视角不同,本课题研究更关注古桥建筑与之相互依存的文化生态"整体",关注于社会变迁背景下,古桥建筑遗存与其周边景观聚落环境"动态"整体的生态"协同"发展问题。因此,本课题研究相对于已有研究,其独到的学术价值和应用价值主要有三。

（1）有助于鄂南地区古桥建筑艺术文化生态脉络的重新梳理。本书将通过对鄂南地区古桥建筑发展脉络及其自然、人文环境背景的分析与梳理,还原鄂南地区古桥建筑艺术的源生文化图谱及其艺术特征,并以发展的视野审视"美丽乡村"背景下鄂南乡土古桥梁建筑文化的当下价值,再绘鄂南千桥文化艺术生态的未来图景。鄂南地区地处山地丘陵地带,水系发达、桥梁众多,悠久的城乡建造历史与极富特色地方建筑,是当地自然与人工、建筑与人文相融共生的充分体现。鄂南地区现散落于乡野阡陌的古桥,既是鄂南地域悠久历史的见证,也是当地古文明遗产中留存于后世中为数不多的文化符号,更是鄂南地域特色与文化内涵的典型象征。还原其艺术的特征,梳理其古桥建筑艺术文化生态的发展脉络,无疑要留住其地域文化特有的根,梳理其未来发展的叶,以再绘其文化生态发展特色的蓝图。

(2)有助于乡土古桥梁建筑风貌保护与发展理论的建构。尽管,当前国内外专家学者与科研机构已积累较为丰富的古桥、古建研究成果,但至今尚未形成较为系统的针对古桥建筑研究的成果和方法,抑或是较具影响力的研究课题。鄂南地区乡野古桥的相关研究,不仅可以丰富我国乡土古桥梁建筑风貌保护理论的体系,也将进一步填补城镇化进程下鄂南甚至是全国地方古桥建筑风貌保护与发展理论的现实缺憾。鄂南地区现存的乡野古桥数量众多、历史悠久,百年的历史积淀与演化承载着不同时期鄂南地区古桥建筑营造技术、审美态度及其对鄂南文化内涵的诠释。对于鄂南传统古桥、古建的保护,不仅是对其特有的艺术特色、结构造型和装饰手法等有形资产进行保护,更重要的是从系统的、理论的发展高度,对传统古桥梁建筑所包含与承载的历史文化信息、营造技艺方法等方面进行保护与传承,使今夕尚存的鄂南地区古桥梁建筑从日渐被遗忘的窘境中摆脱出来,并得到更为科学合理、更为充分的保护。

(3)有助于鄂南地区古桥建筑风貌保护与发展的实践指导,以协调统筹开发利用鄂南地区文化资源,提升鄂南文化软实力和整体竞争力,对鄂南文化具有着较大的社会、经济效益,以及推广应用价值和广阔前景。研究认为,鄂南地区乡野古桥建筑艺术与文化特色的传承与发展,不应仅仅停留在对遗存古桥建筑的数据化保护或遗址遗迹的简单修缮性维护,更需要从观念、技术和发展等多个层面予以更为深入的研究和拓展。这一方面,需要相关研究在关注鄂南地区古桥梁建筑遗址保护的基础上,对鄂南地区乡野古桥建筑在整体自然环境、人文环境、景观风貌层面上予以更为深入的保护与发掘,以研究和发现鄂南地区乡野古桥建筑在地域文化、社会、经济等方面所具有的综合价值,有效地推动及推广鄂南地区古桥文化的人文意识建设,进一步增强社会公众对于鄂南地区现存古桥建筑保护的责任感与认同感,使鄂南古桥文化与文明得以可持续发展。另一方面,也希望有关研究能给予当地政府与相关部门一些具有建设性的保护与发展建议,并在古桥梁建筑保护与管理的技术、信息档案、营造技艺、新科技手段等方面提供更为全面的保护、修缮和管理建议,以便相关部门统筹利用鄂南当地文化资源,出台更为合理、更为详细、操作性更强的相关专项法规与条例细则。

因此,本书希望通过对鄂南地区古桥梁建筑艺术的形成、发展、演变历程等的系统的梳理,围绕鄂南地区现存古桥梁建筑造型、营造技艺、文化内涵所进行的深入研究,以及对鄂南地区相关古桥建筑乡野艺术特征的归纳,对鄂南地区乡野古桥的未来保护与发展的分析探讨等,使人们更加清晰地认识到鄂南地区乡野古桥的价值所在。并力图对加强鄂南千桥文化特色的整体风貌的保护,加快地区性公共文化服务体系建设,优化调整文化产业结构,统筹开发利用文化资源,提高人民群众的文化生活质量,保障桥梁建设文化生态与经济社会协调发展,提升鄂南千桥文化软实力和整体竞争力等方面,产生积极作用。

1.3　古桥建筑艺术研究概况

桥梁,是一种既普遍又特殊的建筑物。它是实用与艺术的结合,既浓缩了美的情愫,又积聚着哲学的思索。伴随着城镇化进程的不断推进,一些散落于古镇、乡间的古桥,由于年久失修,缺乏养护,遭到了自然与人为的破坏,甚至在时光的流逝中黯然消失,留下了诸多遗憾……然而,更令人遗憾的是,尽览当前国内外相关"古桥建筑保护与发展"的研究,虽已积累了丰厚的研究基础和理论成果,却也存在着明显的"厚古薄今"的偏见。

1.3.1　国外桥梁艺术研究

在国外,相关桥梁建筑方面的研究成果不在少数,尤以古桥建筑物化本体的构筑美学相对关注。这其中,较具影响力的研究学者以英国的理查德·

乔布森(Richard Jobson)和马丁·皮尔斯(Martin Pearce)为代表。他们在《桥梁建筑》一书中,通过对世界各地从古至今的一些古桥建筑、历史及其所具有的象征意义,以及这些桥梁建筑结构的发展过程等方面考察和分析发现,自古以来桥梁建筑就具有一定的象征性和公共性。这些桥梁建筑一旦离开了其自身特定的生存环境,也将失去其原有的历史厚重感。而这些有形的桥梁架设在不同地区之间,也就成了联系这两个不同地区人民间无形的纽带,并以这种特有的联系呈现出一种有形的联系和特有的文化背景①。而在桥梁美学方面,日本学者伊藤学认为,桥既能满足人们到达彼岸的心理希望,同时也是会令人印象深刻的标志性建筑物,并常被当作审美的对象或文化遗产来对待②。德国知名桥梁专家弗里茨·莱昂哈特(CF. Leonhardt)则认为,桥梁的美主要表现在其结构造型、和谐与良好的比例,以及有秩序感与韵律感上,过多的重复也会导致单调。因此,桥梁的美感可以在相似和变化之间、有序和复杂之间得以展示,并得到加强。他指出,桥梁的质量统一于美,而美则从属于质量。桥梁的设计,应是在满足于自身功能质量要求的前提下,选取稳定、清爽、纯正等最佳的结构形式。并强调桥梁结构各构件的选材,必须重视与所处环境的协调与统一。③

1.3.2　国内古桥建筑艺术研究

与国外相关研究关注古桥建筑物化本体的构筑美学不同,国内相关古桥建筑的研究则更注重对古桥文化"过往"的关注。国内相关桥梁建筑的资料主要有实物和文献两种。由于我国古桥修建历史久远,加之早期国内文物古建保护意识与相关技术的相对浅薄与匮乏,能完整保存下来的实物相对不多,且以明清修复或重建的居多。现存最早的古桥建筑完整实例为建造于隋代的安济桥,而文献主要见于史书、地方志和古画等。在国内,相关文献或实物研究成果及方法主要可分为以下类型:

(1)按照古桥归属的空间地域来划分,研究只涉及相关区域内的桥梁建

---

① ［英］马丁·皮尔斯,理查德·乔布森.桥梁建筑［M］.大连:大连理工大学出版社,2003:93 – 123.

② ［日］伊藤学.桥梁造型［M］北京:人民交通出版社,1998:35 – 40.

③ ［德］弗里茨·莱昂哈特.桥梁建筑艺术与造型［M］.北京:人民交通出版社,1998:201 – 215.

筑特征性描述,抑或有部分典型的或相关地域的对比分析,如:云南古桥、苏州古桥等,为了解地方或地区性古桥建筑特点提供了文化研究的依据,丰富了我国桥文化的内容,也展示了特定区域内我国古桥建筑文化的成就。例如:张俊的《云南古桥建筑》、潘洪萱的《江南古桥》等。

(2)从桥梁的类型着手研究,如:石拱桥、廊桥等,主要涉及古桥造型发展演变、材料构造特点、营造技艺技法等,并针对相同类型或材料的古桥梁建筑予以归纳性、对比性和总结性研究,明确我国古代桥梁的类型特征、结构特点,以及各种类型的典型代表,为我国古代桥建筑类型学提供了重要的理论依据。例如:罗英的《中国石桥》、王家伦的《苏州古石桥》、王冠一的《风雨桥》等。

(3)单一桥梁的专项研究,主要采用田野考察、访谈、记实的方式,采取文字记录,二维或三维图像,甚至是计算机、VR 成像技术手段,按照桥梁的结构或造型予以分类整理,以准确记录,并再现古桥建筑及其周围环境的整体风貌,为后续的相关研究增添新的文献资料。例如:《宁德市虹梁式木构廊屋桥考古调查与研究:福建文物考古报告》等。

(4)基于桥梁美学的特点或其象征意义的研究。国内也有部分专家学者在桥梁美学研究领域有所涉猎,例如,唐寰澄先生最早提出了桥梁美学的法则[1],林长川先生则将桥梁美学纳入技术美学的体系中[2];文化人类学专家周星先生则在《境界与象征:桥和民俗》一书中指出,在所有地方桥梁建筑都被认为关乎民性和社会风尚,加之风水观念的影响,桥被赋予了更多文化和习俗上的新境界,是一个具有象征意义的体系[3],这些研究有助于对古桥建筑艺术的审美认识与判断。

1.3.3　古桥建筑技术及其文化价值

在国内,相关古桥建筑及其文化的研究已经具有一定的研究基础和理论成果,所涉及的范围也较广,多集中于对中国古桥建筑的发展历史、艺术形式

---

① 唐寰澄.桥梁美的哲学[M].北京:中国铁道出版社,2000:110 – 114.
② 林长川,林琳.桥梁设计美学[M].北京:中国建筑工业出版社,2014:93 – 99.
③ 周星.境界与象征:桥和民俗[M].上海:上海文艺出版社,1998:347 – 350.

及发展价值研究。其中,论及中国古桥建筑发展历史的有茅以升先生的《中国桥梁史》、乔虹的《中国古桥》、万幼楠的《桥·牌坊》等;论及古桥艺术形式及发展价值的有唐寰澄的《中国古代桥梁》、樊凡的《桥梁美学》等。然而,由于历史文献资料数据的久远与匮乏,相关古桥建筑营造技术,特别是地域性古桥建筑特色营造方式的研究成果,尚不多见。此外,相关古桥建筑保护与发展方面可咨借鉴的研究经验、方法手段的研究成果也屈指可数。

我国最早详细记录桥梁营造技术、范式的文献资料,可追溯至北宋时期由官方颁布的建筑设计、施工的规范书《营造法式》。书中对于同一时期石拱桥的营造法式进行了详细论述。此外,一些地方的桥记、方志中也会见到相关桥梁较为完整的修建过程、营造技术方面的记载,并清晰地记录下了桥梁建造时间、捐赠或主持建造人、工匠等相关信息。但这些文献资料大多偏重于文字性记录或文化留存性记录,几乎无古桥艺术特色或技艺留存方面的阐释和价值。

20 世纪 30 年代,伴随着我国营造学社的古建研究起步,以梁思成、刘敦祯为代表的一大批知名建筑大家开始对历代建筑技术专书进行相关注释和解读,并在《中国营造学社汇刊》中针对一些特定的桥梁或桥梁营造技术方面进行了介绍。1959 年,罗英编著的《中国石桥》则进一步针对古代石桥和新型石桥进行了相关阐述,研究不仅涉及中国古代石桥的建造技术,也对古代石桥的结构方面做了详细的阐释。此外,茅以升、唐寰澄等一大批桥梁研究专家的出现,以及相关研究专著的先后出版,再次将中国古代桥梁建筑修建技术的研究引向了深入。如:《中国古桥技术史》(茅以升,1991)、《中国科学技术史·桥梁卷》(唐寰澄,1992)等著作,系统地论述了中国古代桥梁技术的产生和演变,并且对部分类型的桥梁结构、技术进行了详细的论述。近年来,随着乡土建筑研究热潮的兴起,古桥建筑营造技艺的研究也逐渐成了专门领域的研究热点。如:由茅以升科技教育基金会发起的古桥研究与保护国际学术研讨会等。这些研究主要是围绕中国古桥建筑的营造技艺特征研究、古桥建筑风貌的保护技术及适度开发与管理问题研究,以及古桥建筑遗存、遗址保护的可行性策略研究等方面进行广泛的研究与探讨。例如:在 2010 年和 2011 年先后出版的《古桥研究与保护国际学术研讨会论文集》等,均针对这些热点问题作出了具有前瞻性和开创性的探讨。

就本项目选址的地域而言,鄂南素有"千桥之乡"的美誉。鄂南的古桥历史悠久、风格多样,具有丰厚的历史文化积淀,是我国重要的文化遗产,也是鄂南乃至湖北省独具特色的文化财富。近年来,随着相关地、市、区级政府的不断重视,相关鄂南古桥建筑和民间文化的保护和挖掘方面的工作也有序地开展,然而,通过对国家图书馆、中国知网、万方论文等相关学术网站或专业数据库检索发现,截至目前,除本研究团队已发表的部分涉及鄂南地区古桥建筑文化生态方面的研究性成果外,此类工作仍多以相关文化记录、搜集、统计为主,尚未发现系统梳理鄂南古桥建筑历史发展脉络、营造技术特征及其文化艺术特色的其他既有研究成果。另外,由于当下我国古桥梁建筑遗存、遗址保护方面,可资借鉴的成功经验和实践理论的相对匮乏,本书试图从鄂南地域的文化、自然基底入手,围绕鄂南地区现存古桥建筑艺术的特色、人文特征及其建筑风貌的保护等方面,对基于鄂南地域文化背景的古桥梁建筑形态、结构、保护与发展进行系统性分析与研究,以弥补鄂南地域"千桥之乡"美誉的研究空白,丰富湖北地区,乃至中国地方特色古桥的研究与保护理论体系。

1.4　鄂南古桥建筑艺术研究的思路

1.4.1　鄂南乡土建筑文化艺术遗存的"探秘"

鄂南地处长江中下游南岸,出土文物证明,在五千多年前的新石器时期,这里就有人类生息和繁衍。鄂南山清水秀,景色宜人,物产丰富,其楠竹、苎麻饮誉神州,桂花甲冠全国,物产的青砖茶更是畅销欧美。因此,鄂南有着闻名全国的"桂花之乡""楠竹之乡""砖茶之乡"等多重美誉。或许也正因为鄂南自古物产的驰名,使得一条始于宋代、源流于鄂南羊楼洞、横贯于欧亚大陆的茶马古道,成为这座中国中部小城文明传播的动脉,述说着一座又一座古桥的过往,承载着一方桥乡的记忆。

作为一个典型的丘陵地貌城市,鄂南地势多由中山、低山、丘陵逐渐过渡到临江滨湖的平原,因此,山河湖泊遍布、沟壑溪流纵横。这里气候四季分明、热量充足,故辖区内河湖水网密布,交织纵横。据新中国成立初期地方志所载,鄂南境内曾有大小湖泊 115 个,高桥河、淦水、汀泗河等大小水系 70 余条……面对大自然九曲回肠的地域阻隔,桥成了这里最基本的交通设施,有了桥,被阻碍了的山山水水便联在了一起。当地人民也把搭桥当作功德之举,将山水用桥连成通向美好远方的通途,让一条条彩虹飞架千山万壑之间,也孕育了一座座风姿万千的鄂南古桥。据史书记载,清末年间,仅鄂南咸安区境内的石拱桥就有百余座,辖区内山谷阡陌间木桥、梁桥、汀步桥等合计大小桥梁 1830 余座。不仅如此,鄂南地区传统城乡聚落也秉承了中国传统"背山面水、负阴抱阳"的选址及布局原则和理想格局结构,形成当今水路相环相生的城乡构成模式。无论是依稀尚存的崇阳县白霓古镇,还是赤壁市的羊楼洞老街,抑或是荆楚第一古民居通山县宝石村村落等,其最初的街道往往是以河道为基础骨架,依水而建,因水成街,跨水建桥,充分体现了街道、建筑、桥梁与河道水网的依存关系。年长日久,"依桥而成市、因桥而兴镇、赖桥而闻名"逐渐成了鄂南文化脉络中不可或缺的组成部分①。

本书选择的主要研究对象为鄂南地区现存、且具有百年以上历史的古桥梁类建筑,但也仅限于鄂南辖区内那些散落于村落、乡野,抑或是城镇中的古桥、堰桥、汀步桥类桥梁建筑。这其中,研究并不涉及鄂南辖区内私家花园、园林中作为观赏、点缀作用的桥梁。因为,这些桥梁建筑本身所具有的观赏性和装饰性,远远超出了它们自身所应具有的社会普遍性与功用性特征,仅仅是作为园林中的装点景观元素,或者满足于个人的审美喜好而存在。与之相反,那些散落于户外、郊野,甚至是被废弃的曾经发挥公共交通作用的古桥,尽管它们朴实无华,或已无人问津,但其实用价值、公共性文化价值更高,更具地方公共性代表特色。故本书将选择此类古桥作为研究的重点对象。

课题研究区域范围选择的鄂南地区,以湖北咸宁市及其辖属县、镇区域为重点研究区域,主要包括咸安区、嘉鱼县、通城县、崇阳县、通山县和赤壁市 1 市、1 区、4 县的区域范围(见图 1–1),并涉及部分鄂南周边其他辖区范围内古桥梁建筑特征和文化成因的比较研究。第三次全国文物普查数据显示,

---

① 夏晋. 鄂南地区古桥梁建筑的技艺特点及其保护探讨[J]. 中南民族大学学报(人文社会科学版),2014(03):20–23.

鄂南区域内现有各类大小桥梁1260座,现存百年以上历史的古桥梁共计672处。其中,保存较为完好的百年以上古桥552座,被列入国家或省、市级保护的桥梁57座,保存较好的唐宋时期古桥梁遗迹尚有9处(见图1-2)。

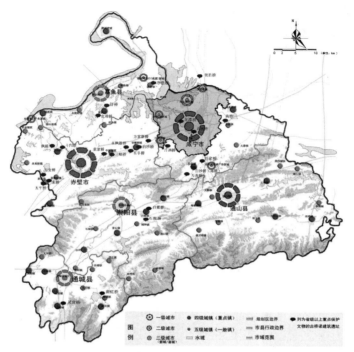

图1-1　鄂南地区被列为省级以上重点文物保护的古桥梁建筑分布图(作者自绘)

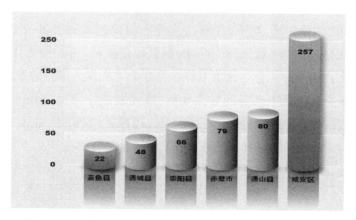

图1-2　鄂南地区现存古桥区域及数量分布图(作者自绘)

1.4.2 荆楚文化生态发展视野的艺术"探究"

随着自然气候、地理地貌的变化与影响,鄂南地区水域与山体因为百年的自然衍化发生了不断的变化,相应地鄂南当地古桥梁建筑的作用,也发生了不同的变化。如:散落在乡野山林里的古道、桥驿随着经济方式的变迁或地貌的变化,原本承担着交通要道的功能,变成了休憩、观赏的景观建筑。而建造在城区内的古桥,也逐渐与周边街区、聚落形成了新的文化街区或街道。正是基于这些变化,以及鄂南乡野古桥所涵盖范围的广度,涉及县市、乡镇文化的复杂性,为保证课题研究的进度与质量,研究将着眼于以下三个方面的内容进行分析讨论:

(1)史料梳理研究。从古桥梁建筑发展的历史脉络出发,结合鄂南当地的方志、文献史料,以及历史、地理、自然等综合因素,探寻鄂南地区乡野古桥的发展衍化脉络。并通过田野调查、文献调查、对比分析方式,系统地把握鄂南地区乡野古桥梁建筑发展的相关历史与沿革,理清古桥建筑所蕴含的历史、文化、技术水平等内在推动因素,寻绎鄂南地区乡野古桥建筑形态和结构所涵盖的地域特色。重点对鄂南不同辖区、不同历史阶段的古桥艺术形态进行梳理,以探索鄂南地区乡野古桥文化的共有特征。

(2)古桥建筑分析。主要从鄂南地区乡野古桥梁的形态特征、技艺特征和文化内涵三个方面进行研究。通过对鄂南地区古桥建筑的全面统计,以及现存古桥分布现状与分布特点的分析,总结梳理鄂南地区古桥梁建筑形态的共性特征;并围绕其共性特征,从桥梁建筑的功能功用、装饰手法、结构特点及建造技术等方面,对古桥建筑的技艺特征予以深入分析;并结合与古桥相关的风水、宗教、民俗活动、题刻碑文、名人逸事等社会文化特性视角,对古桥的社会表现及文化内涵的价值予以系统阐释。研究力图通过对鄂南地区乡野古桥建筑的形态特征和技艺特征进行分析,抽取鄂南地区乡野古桥建筑形态的有机成分,找出鄂南地区乡野古桥建筑的形态结构中的"语言"特色及其文化成因。并在与国内其他地区现存古桥的对比中,分析提炼其独特的地域建筑个性特征。

(3)保护思考研究。研究将基于古桥建筑遗存价值重塑的视角,对鄂南地区乡野古桥的未来进行保护性探索研究。探索鄂南地区乡野古桥建筑所蕴含的文化及其审美价值,深入探讨鄂南地区乡野古桥建筑活态保护开发的对策,以及鄂南地域"桥"文化的延续之道。出于研究时间与深度的考虑,本书立足于研究区域特色的同时为突出重点,拟将以鄂南地区乡野古桥建筑艺术形态特征分析为主。选取的研究内容也有所侧重,但最终要落实到地域文化内涵的研究上,以突出鄂南地区乡野古桥建筑艺术的乡土文化特点,并综合考虑其生存环境与发展问题。

1.4.3 鄂南古桥建筑艺术本体的文化"还原"

本项目研究试图建立起一种以古桥梁建筑艺术形态为本体意义的研究方法,将鄂南地区乡野古桥建筑置于荆楚文化的大视野中,借助于文化生态学、建筑学、美学、考古学、民俗学等研究成果,对其建造观念、艺术思维和创造价值进行综合研究和本体还原。拟主要采取以下方法:

1. 文献分析法

通过对鄂南当地地方志、桥记、古籍、字画等文献资料的收集与整理,结合建筑学、社会学、生态学、环境行为学等学科文献理论,就鄂南地区拥有百年以上历史的现存古桥建筑个体或群体的具体情况进行研究与考证。以明确鄂南地区现存的乡野古桥建筑艺术的特色、现状及其背景。并采取史料考证与逻辑梳理的方式,在梳理相关文献资料和理论的基础上,从建筑历史学、艺术美学的视角对已有古桥建筑研究文献理论成果予以深入分析,结合相关城市古桥建筑发展的实际和规划思想,对鄂南地区现存古桥建筑艺术的传承与保护进行系统性思考,提出自己的观点,为后续的研究工作构筑起清晰的思路和方向。

2. 田野考察法

结合已掌握的鄂南地区古桥建筑的相关文献资料,以及一些尚不完整的数据资料,采用实地调查、数据采集、图像记录、访谈问卷等方式对鄂南地区乡野古桥的位置、现状、环境、构造、类型、材料、工艺、技术手段、装饰手法等方面进行详尽的调查和整理,建立相关信息数据库,并从中总结得出鄂南地区现存古桥建筑的地域特征,提出古桥风貌保护、营造技艺传承,以及古桥文化可持续发展的策略建议。调研流程及调研框架见图1-3~图1-5。

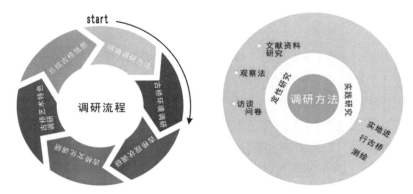

图1-3 调研流程简图(作者自绘)　　图1-4 调研方法简图(作者自绘)

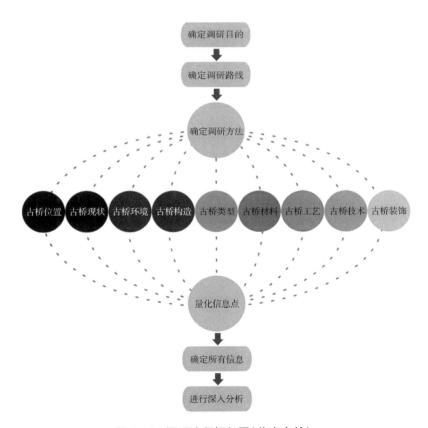

图1-5 调研流程框架图(作者自绘)

3. 类比分析研究

以古桥历史发展为脉络,以鄂南地区现存乡野古桥建筑风貌的整体保护与发展为研究要务,将其置身于鄂南地区特殊的地理环境及民俗民风的文化语境中进行研究探讨。力图通过对不同时期、不同历史环境下鄂南地区古桥梁建筑艺术的发展特征的类比,以及与皖赣、江南等周边或特色水乡古桥建筑的对比分析,从而在时间轴上对鄂南地区乡野古桥建筑的形态、结构、发展脉络等方面得以较为清晰、全面地认知。研究计划采取历史进程法与地域划分法相结合的方式,将散落于鄂南各地的乡野古桥建筑划分为几大共性特征较为突出的区域。并分别选择这些区域中极具典型代表性的古桥建筑予以类比分析,研究分析这些古桥所在区域的自然环境及其社会人文背景,并尝试归纳总结这些区域乡野古桥的地域特征和共性特点。同时,在当前鄂南地区城镇化建设快速发展的背景下,研究展望鄂南地区乡野古桥的未来生态可持续发展道路。

1.4.4 鄂南古桥建筑艺术发展的文化"图景"

本研究拟以鄂南地区古桥建筑实地田野调研、影像纪实测绘的切实资料为基础,分门别类地加以整理、研究,同时,通过对相关文献资料的查阅,进行个案分析与对比分析,以梳理鄂南地区乡野古桥的共性特征。并借助文化生态学、建筑学、美学、民俗学、艺术学的相关原理及研究方法,特别是从文化生态学的角度,将散落于鄂南乡野、村落或是城镇中的古桥建筑发生、发展及其存在状态落脚于鄂南地域文化的整体背景和生长环境之中,对鄂南地区乡野古桥建筑的形态特征、技艺特征和文化内涵进行分析研究,最终提炼出鄂南地区乡野古桥建筑形态的有机成分,形成鄂南"桥"文化的形态结构"语言",进而,展望鄂南"桥"文化未来发展的"图景"。研究共分为四个部分(详见图1-6)。

第一部分为研究的缘起。通过对本书的研究对象、目的、背景,以及国内外古桥建筑相关研究现状、问题、研究方法等进行综合阐述,以明晰本书研究的目的、框架及其价值意义。

第二部分为古桥历史信息概览。通过对中国古代桥梁的起源、造型、艺术特征、发展脉络等方面的研究总结,梳理在中国特色"桥"文化背景下,古代桥梁建筑艺术从兴起到发展的脉络特征及其桥梁造型的艺术特点。并以此作为鄂南古桥源流文化的基底,对鄂南地区现存古桥建筑的地理环境、类型特征、社会表现、遗存价值等方面进行详细研究和阐述,总结鄂南地区古桥建筑艺术的整体特征,以及古桥建筑遗存保护与存在的发展价值。

　　第三部分为鄂南地区乡野古桥建筑艺术特色分析。结合鄂南城市发展的变迁,对鄂南古桥建筑形成发展的历史因素进行梳理,并基于鄂南地区现存乡野古桥的建筑艺术特征,从古桥位置环境、构造类型、装饰材料、技术工艺等方面予以深入探讨,并总结分析不同历史时期鄂南地区古代桥梁的建造特点、营造特色,从而探寻鄂南地区古桥建筑的乡野特征所在。

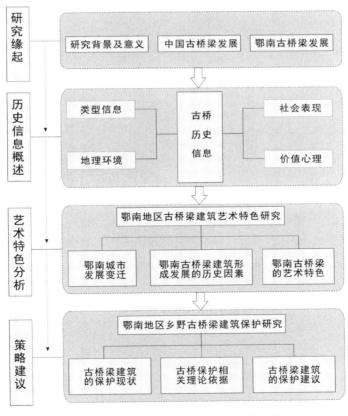

图1-6　项目研究结构框架图(作者自绘)

　　第四部分为鄂南地区现存古桥建筑艺术发展策略建议。通过对鄂南地区现存古桥梁建筑遗存保护现状的分析，以及相关古桥古建保护理论的研究梳理，并针对当下鄂南地区乡野古桥保护中面临的诸多现实问题，进行详细、深入的剖析，从而提出鄂南地区古桥建筑遗存生态可持续发展的相关建议。

2 中国古桥概述

"桥,水梁也。从木,乔声,高而曲也。桥之为言趫也,矫然也。"①从自然倒下的树木而形成的梁桥,到有意识地推倒,砍伐树木架作梁桥,直至逐渐发展为索桥、石拱桥、浮桥、栈道桥、园林桥,等等。千百年来,我国悠久的历史文化,以及营造技术的日臻娴熟,使得我国古代桥梁建筑不仅建造数量惊人,结构形式种类丰富,而且在技术上,也有着异常卓越的成就,在当时均处于世界领先地位。如:七千年前的榫卯木构桥接技术,春秋战国时期的折边拱技术,汉代的桥梁软土地基、小桩密植基础技术,晋代的半圆拱技术,隋代的圆弧敞肩拱技术……这些饱经沧桑的古桥建筑,不仅集我国千百年来优秀技艺之大成,也是我国古代桥梁建设者和技术工匠们智慧与巧思的结晶。它们不仅在传统力学与古典美学上实现了完美的统一,具有独到的特点,在建筑结构与形制方面更有着鲜明的民族特色,给人以美不胜收的审美感受。

2.1 中国古桥的历史变迁

桥,初因自然萌示而生。早在远古时期,人类为了生存,登山涉水、狩猎觅食,遇山川阻隔,需绕道而行,极为不便。而遇倒搁在溪涧上的树木、天然石梁,抑或是隔溪悬挂的藤蔓时,则可利用其逾越过往。故而得其启示,开始学着搭建简单的桥梁,以方便往来。在我国,最初能被称为桥梁原始营建的方式,无非两类。其一,独木梁桥。它是一种借助于溪岸或河岸边倒落的粗壮树干,置放在两岸的礁石或沟壑之上,凌空水面,方便人们通行的桥梁,也常被称为"独木桥";其二,堤石梁桥。通常在河面狭窄、水流缓慢的浅水河滩

---

① 唐寰澄.中国古代桥梁[M].北京:文物出版社,1987:19.

或溯溪中,利用河道边大小不同、形状不一的石块,堆砌置放在河道中,以形成一个个露出水面的石蹬的简易过水梁桥,俗称"堤梁桥",也常称为"汀步桥"。后期随着社会生产力的不断发展、建筑营造技艺水平的不断提升,以及受到我国各地区不同自然条件和社会条件的影响,桥梁建筑及其营造技艺也逐渐由低级向高级发展演变,不断融入当时当地的材料、工艺,以及人文环境和地域风情,也逐渐形成不同时期、不同地域、集聚不同地域人文特征与风情的桥梁建筑艺术形态。纵观我国桥梁发展的历史进程,主要分为六个不同的发展时期①。

2.1.1　中国古桥发展的创始阶段

根据我国"夏商周断代工程"的研究成果,研究将夏、商至西周共 1230 年的时间作为古桥的始创阶段。而这一时期可谓我国古代文明开化时代的开端,是我国奴隶制社会产生、发展,并孕育着希望与危机的新时期。这期间,由于当时的生产力发展水平处于初始阶段,营造技术能力也相对原始。因此,人们只能采取较为简单直接的方式,在地势较为平坦、水流趋于缓慢的狭窄河道处,使用木柱或是置石为"汀"的原始方式搭建桥梁。在这一时期堤梁式踏步桥与独木、骈木梁桥已属常见,并在甲骨文中就已见有（砅）及（桥、虹）等象形文字的记载。自商代开始,逐渐进入较为发达的青铜器时代,随着都城、水利、军事运输等需求的日益加大,也使得我国创始阶段的桥梁营造技艺随之有了较大提升。较之于初始社会中常见的原始梁桥形态,商代中后期的桥梁建筑不仅保留了原始的独木梁桥和堤石梁桥的形式,还新增了简支梁桥和浮桥两种常见的桥梁形制,而多跨木梁木柱桥、城门悬桥、水闸桥也逐渐出现其原始雏形。

2.1.2　中国古桥的创建发展时期

如果将夏商周时期算作中国古桥建筑的萌芽创始期,那么其桥梁的创建发展时期则主要在春秋战国时期,并延续至秦汉,前后跨越 564 年。这一时

---

① 项海帆,潘洪萱,张圣城,范立础. 中国桥梁史纲[M]. 上海:同济大学出版社,2009:5 - 7.

期,我国社会正处于奴隶制逐渐向封建制过渡时期。社会也从王权制逐渐走向中央集权制的封建帝国。在当时的科学技术方面,铁器逐渐取代了铜器,标志着生产力取得了突飞猛进的发展。进而也促进了建筑材料由单一化向多元化的发展。工、商、士、农等不同社会职业类别、分工也随之逐渐产生。然而,战争也成了这个时代的主题。各诸侯国从过去争夺奴隶、分胜负进入抢地盘、夺资源、争人才的战争,成了推动社会发展的强大动力。因此,良匠、良工也在这一时期倍受尊重与重视。在这一时期,随着铁器的大量出现,以及大型水利工程的修建,使得初始阶段的简支木梁桥结构上逐渐增加了石梁、石柱、石板桥面等新型的桥梁建筑结构件,石梁桥、石墩桥及水闸桥也开始大量被建造。这一时期,伴随着券石技术的提高,加上可锻铸铁(即韧性铸铁)的诞生,也为创建铁索桥与石拱桥打下了基础。索桥,这一新兴桥梁结构形式也应运而生;此外,栈道,这一多种类型的木梁木柱式特殊桥梁也被广为建造;不仅如此,还在黄河上造起了长年使用的蒲津浮桥,诞生了复道、园林桥梁,并出现了浮桥及木石梁桥的文字记载。

2.1.3　中国古桥的成熟发展时期

秦汉时期是我国建筑史上的一个璀璨时期。这一时期,我国不仅创造了砖这一型材,同时还缔造了辉煌的砖石拱券结构技术。这也为我国后期拱桥形制的出现奠定了坚实的基础。正基于此,中国古桥的发展也逐步迈入了成熟发展时期,以两汉为主,共 487 年。当时,中国是世界上经济、文化、科学技术最发达的国家之一,铁器极盛,木梁木柱已遍布全国各地。据史书记载,仅东汉京都洛阳大型的木梁木柱骆驰虹桥就有 3 座。随着时代的推进,新型桥梁建筑材料以及建造技术的不断更新,拱桥的形制也应运而生。从 1965 年河南出土的汉代画像砖中,可以清晰地看到那一时期单孔拱桥的图样,尽管拱桥型制略显简单,也未见桥栏杆等建筑设施构件,但足以证实拱桥形制早在我国汉代就已出现。不仅如此,这一时期,伴随着"丝绸之路"的正式形成,索桥在西南、西北地区被广泛建造,其技术也被传播到中西亚各国;而由于造船业的发达,高大楼船在中原、安徽与广东相继出现,浮桥也在全国各地纷纷修建,并首次建造在长江之上。自新莽通子午栈道后,东汉期间屡修栈阁,也留下了珍贵的栈道与石刻。

拱桥的出现,在我国古桥建造史上极具划时代的意义。其无论在美学价值,还是实用价值,抑或是经济价值方面,对后期这种桥梁形制的大批量建设和广泛应用,均起到了深远的影响。与此同时,伴随着木拱桥、石拱桥、石梁桥形制的相继诞生,不仅证实了我国技术水平的提高,也使得梁、拱、浮、索这四种基本桥梁形制在我国逐渐被定型及广泛地应用,并由此衍生出了专门从事桥梁交通建设的队伍。

2.1.4　中国古桥发展的鼎盛时期

中国古桥发展的鼎盛时期集中于魏晋南北朝和隋唐五代时期,共 687 年。这个时期是中国古代社会极为昌盛辉煌的时期,有名可考的中小城市就有 315 个,人口超过 7 万户的城市达 30 个。当时唯一的国际大都会——长安,其大明宫遗址面积是现今北京故宫的 4 倍,仅唐东都洛阳就有桥梁 30 余座。东晋时期,由于当时的经济重心开始逐渐向我国南部偏移,使得我国长江、黄河流域水运经济得以快速增长,水利、交通设施建设日益蓬勃。也因此进一步加速了我国东南部水域周边地区桥梁建设的迅猛发展,以及建造水平的迅速提升。黄河上架设的大跨度伸臂木梁桥的出现,也进一步昭示了我国古桥建造鼎盛发展的新时代的到来。至隋唐时期,国力进一步强盛,当时的工商、运输、交通业,以及科学技术的整体水平均十分发达,使得我国古代桥梁建发展逐渐进入鼎盛时期。例如:隋朝创建了 40 余孔、全长 400m 的石拱联拱桥和敞肩拱的赵州桥(见图 2 – 1),成了划时代的绝唱,产生了李春等大型桥梁建造匠师。唐代对秦汉三渭桥进行了整理与重建,对从关中到汉中的四条秦汉栈道进行了维护与全面改造,木梁木柱桥上出现了最大倾角为 10°的斜桩,还出现了薄墩、薄拱的驼峰式石拱桥与椭圆形石拱桥;对蒲津浮桥的改造更是达到空间绝后的地步;这一时期大明宫太液池中的园林廊桥与佛寺、书院前的概念性桥梁也均属首创。隋朝建了 2 座,唐代建了 11 座国家级桥梁,它们由当时的水部郎中主持修建与日后管理,以及津令、典正、录事等官员负责。总之,这一时期在石拱桥、木梁木柱桥、浮桥建造方面达到了顶峰,反映出鼎盛阶段的特征。

图 2 - 1　隋代赵州桥(作者自摄)

2.1.5　中国古桥发展的全盛时期

至两宋时期,中国古桥发展进入全盛时期,共 372 年。此时,科学技术上有了四大发明,在该领域诞生了木工喻皓写成的《木经》三卷与李诫编写的《营造法式》。在桥梁建设上继承前朝工艺技术,进入全国南北同时展开和大规模进行的时期,出现桥梁早期设计图样及建造实验模型。在石拱桥方面虽未达到隋朝的水平,但也留下了观音桥与卢沟桥这些经典佳作。而在修建临海大型石梁石墩桥、创建贯木拱桥及多跨索桥上均独树一帜。这从北宋画家张择端笔下《清明上河图》的盛世图景中可见一斑。画面中那座横跨汴河两岸、以木梁交叠而成的大跨度拱桥,其叠梁拱构造技艺之精湛、力学与美学结合之绝妙,足以折射当时桥梁建造技术之高超。两宋时期,我国建桥技术在梁、索、浮、拱各类桥构上均有建树,还创建了石梁石墩桥与浮桥相结合的启闭活动式的广济桥,也由此成就了中国古桥发展史上最为辉煌的时期。

2.1.6　中国古桥发展的迟滞期

或许是隋唐、两宋时期我国古桥技术发展过于辉煌,以致进入元、明、清时期,中国古桥发展逐步呈现出饱和、迟滞的疲态,并由此持续了近 630 年。由于缺乏科学理论的指导,经验难以发展成为科学,且又无新材料、新技术的支撑,难以进入近代桥梁时代。这一时期,桥梁构造类型虽已齐备,营造、修缮技艺也日臻成熟,有籍可考的建桥、修桥记录也数以万计,在桥梁的结构、制式、营造技术等方面仍沿袭传统的范式做法,未见具有标志性的技术突破或形制创造。一些地方仍采用摆渡、浮桥来维持交通,乃至早期公路还是尽量利用原来的驿道和古桥,特别是石拱桥;铁路也是利用古石拱桥或运用古石拱桥的筑构技术。在江南地区,多跨石拱桥中薄墩的建造、单边推力墩(制动墩)的出现、桥墩的干砌法、尖拱与压拱技术的运用、铁索桥铁索的锚固等也有一定程度上的发展。这一时期,在古桥文化上则有较大发展,如园林桥、风雨桥、花桥等,在石拱石柱上桥联也有一定程度的出现。此外,一些桥梁营造相关的建造、施工说明性文献、桥记、法式古籍的陆续涌现,也为后人研究桥梁提供了诸多珍贵的文献资料。尽管至清朝末年,由于铁路建设的通行,我国桥梁也迎来了一次桥梁技术的革命,出现了钢筋混凝土、熟铁等一些当时新型的桥梁建筑材料,并在后来的桥梁建设发展中被广泛应用,但这毕竟多是国外引进或舶来的技术或材料工艺,少有我国本土桥梁建筑技术发展的建树(见表2-1)。

表2-1　古桥建筑发展阶段及特征(作者自绘)

发展阶段	发展时间	特征
创始时期	夏商至西周 (共1230年)	在原始独木、堤石梁桥的基础上,发展了简支梁桥和浮桥两种常见的桥梁形制,而多跨木梁桥、城门悬桥、水闸桥也逐渐出现其原始雏形。
创建发展 时期	春秋战国至秦朝 (共564年)	桥梁建材由单一化向多元化发展。索桥,这一新兴桥梁结构形式也应运而生,木梁木柱桥桥梁被广泛建造,并出现了浮桥、栈道、园林桥及木石梁桥等文字记载。
成熟发展期	以两汉为主 (共487年)	拱券技术的发展使拱桥形制得以诞生并发展,桥梁的基本形制逐渐被定型,并出现了专门从事桥梁建设的队伍。
鼎盛时期	魏晋南北朝 和隋唐五代 (共687年)	这一时期在桥梁的建造技术和形制上均有突破和创新,创造了诸多令人瞩目的桥梁,并在石拱桥、木梁木柱桥、浮桥建造方面达到了顶峰。
全盛时期	两宋时期 (共372年)	在梁、索、浮、拱各类桥构上均有建树,并在临海大型石墩梁桥、贯木拱桥,以及多跨索桥的创建上独树一帜。可谓中国古桥发展史上最为辉煌的时期。
迟滞期	元、明、清 (共372年)	这一时期建桥技艺日臻成熟,留下了诸多珍贵的桥梁营造技术相关的文献记载。但在技术等方面仍沿袭传统的范式做法,未见具有标志性的技术突破或形制创造。

2.2 中国古桥的类型

2.2.1 根据造型分类

由于我国幅员辽阔,不同地区的自然条件和社会条件也各有不同。为了适应不同地区的不同需要,便出现了各种不同形式、不同结构的桥梁。如:西南地区的索桥、西北的木伸臂梁桥、华北的敞肩石拱桥、华南的石墩石梁长桥、华东的薄墩连续薄拱桥,以及中原地区的浮桥等,也使得我国古桥梁结构造型种类呈现出极大的丰富性与多样性。这些造型各异的桥梁桥式,尽管因各地具体环境、条件的差异而有所侧重,但也不外乎以下几种基本的桥式类型:

1. 堤梁桥

堤梁桥,源于天然石块散落浅水滩中,露于水面之上,所形成的天然石蹬产生的灵感。于是后人便将一块块砾石聚集成一定的宽度,横贯于溪河浅滩之上,以供人踏过河道,进而形成人工的河梁绝水构筑物。因绝水程度不同,堤梁桥又分为汀步桥和堰坝桥两种形式,其中,汀步桥,又称为"矴步桥""蹬步桥",是山区人民渡过溪流、浅滩的主要交通设施。它是我国山地丘陵地区最原始,也最具特色的桥梁类型之一,如:湘西凤凰的沱江汀步桥、鄂南的石咀铺跳石桥等。多为就地选取较大的块状砾石,将其固定于水位较低的溪渠或是常年枯竭的河道之上,石块间留有相对均衡的间隙,并整齐排列成行,这样不仅可以一定程度上阻挡并减缓上流来水,保证河道川流畅通,也能方便行人从砾石上顺利往来两岸。汀步桥是一种相对节省经济开支,且建造简单耐用的堤梁桥,即使遭受到山洪的损毁,也便于日后补置。例如:位于通城马港镇彭墩村的保积祠跳石桥,该桥东西立于 -16m 宽的两河交汇之处,两岸有石阶下至河床桥面,由 22 个单独的跳石墩组成,每块跳石长 0.4m、宽 0.2m、高 0.8m,跳石平面为不规则的长方形,跳石与跳石之间间隔 0.4m,是鄂南清晚期跳石桥最典型的形制(见图 2-2)。而堰坝桥与汀步桥不同,多见于平原地区,是一种形如堤坝,既能起到农田灌溉、蓄水、防洪护堤等作用,又能兼顾人们往来通行河道的相对绝水的堤梁桥。如成都平原的都江堰、鄂南的后唐石枧堰等。

图 2 - 2　通城马港镇清代晚期保积祠跳石桥(作者自摄)

2. 梁桥

梁桥,始于河岸边天然树木倒搁在溪涧沟壑之上所形成的原始"独木"简支梁结构。我国古代早期的桥梁多为梁桥,相关记载最早可追溯至商周时期①。由于早期建桥技术和材料相对局限,以及梁桥自身结构和造型相对简单平直,易于建造,也使得这一较为质朴的桥梁类型在我国被广为传播与建造。梁桥,就其建桥材料材质而言,可分为石梁桥和木梁桥两种类型,一般由桥身(梁体)和桥墩(台)两部分组成,以孔或跨数计。其中,河道两岸桥台或两桥墩之间所形成的孔洞或桥身跨体,通常为"一孔"或"一跨"。如若梁桥两端直接架设于河道两岸桥台之上,即为单孔或单跨梁桥;如若中间加设一桥墩,形成两孔,则称为双孔或双跨梁桥,以此类推。鄂南地区现存梁桥中,具有百年以上历史的古桥有 74 座,常见于三孔石梁桥形式。例如,位于麦市镇冷墩村的福寿桥,是一座修建于清代晚期的三孔梁板桥,该桥为条石结构,桥面由三段并列的长形条石和四座船形桥墩组成,桥全长 17m,高 2.5m,桥面宽

---

① 唐寰澄.中国古代桥梁[M].北京:中国建筑工业出版社,2011:32.

0.65m,桥墩宽 3.5m,虽经历了多次修缮,但整体结构依然较为完整,至今仍在使用,为研究鄂南地区清代晚期石板桥的形制特点、建筑工艺提供了重要的实物资料(见图 2 - 3)。

图 2 - 3 通城麦市镇清代晚期福寿桥(作者自摄)

3.拱桥

拱桥,源自河道水流对于两岸自然岩石的侵蚀,所形成的天然拱梁。其形制产生于我国古代砌拱技术的发展,以及梁桥修筑的平砌逐层伸臂挑出的叠砌,或三边、五边折边边拱形制演变①。拱桥形制最早出现于我国秦汉后期,相关文字记载最早实证为《水经注》中对于晋武帝时期的旅人桥的撰述。其发展得益于隋唐时期社会、经济、技术的鼎盛与发展,并迅速成为我国桥梁史中最富艺术与活力的桥梁形制。我国拱桥桥拱轴线形式、种类丰富,根据拱桥拱形可分为折边形、弧形(平拱)、圆形、半圆形、马蹄形、尖形等(见表 2 - 2)。其中,半圆形拱桥因形状简单,施工方便,国内最为普遍;在我国北方地区,其桥身厚重敦实,多采用拱形较为平坦的弧形平拱,可增加桥梁的跨度,减少开挖工程量,同时也有利于泄洪和保持水运的畅通,如赵州桥。南方地区的拱桥则以轻灵著称,往往采用略大于半圆,形似马蹄的拱形由于鄂南地区特殊的地理环境,及南北水运、人文环境观念的影响,拱形桥制也是鄂南地

---

① 唐寰澄. 中国古代桥梁[M]. 北京:中国建筑工业出版社,2011:126.

区现存古桥中最为常见的桥式之一。鄂南地区的拱桥不仅历史悠久、老而弥坚，而且设计科学、造型各异，以石拱桥制居多，常见有折边拱、弧形拱、半圆拱、马蹄拱等桥式。其中，位于咸宁市嘉鱼县的下舒桥，始建于元代至正元年间，距今已有600多年的历史，是鄂南地区目前现存古桥建筑中年代最久远的石拱桥。该桥属于单孔石拱桥，拱形为半圆形，拱券高敞，桥身整体造型精巧，外形宏伟壮观。

表 2-2　中国石拱桥桥形桥式分析（李紫含绘）

序号	拱桥类型	特点	图例
1	折边拱	建造年代较早，为圆弧拱形桥式的雏形形制。其折边拱转角处均用隔横石相连，而折边拱的节点大多落在弧形或半圆的轨迹上。	
2	弧形拱（平拱）	因拱形平坦，又称平拱。其桥身厚重敦实，弧形平缓，可增加桥梁的跨度，减少开挖工程量，同时也有利于泄洪和保持水运的畅通，由于其施工技术较为简单，是我国北方常见的一种断面形式。	
3	半圆拱	拱形简单，施工方便，普及率高。	
4	全圆拱	其桥身负载力较高，抗压性较强，往往会在其河床下隐没另一半圆形拱券与该拱构成一个完整的圆拱。	
5	尖拱桥	拱顶成锐角，实则两段不同心圆弧拱在拱顶处搭接。尖拱拱矢较高，造型独特，形式优美，适用于峡谷中。	
6	马蹄拱桥	拱形往往略大于半圆，形似马蹄，常见于我国南方长江三角洲一带，桥形以轻灵著称。	
7	高陡拱桥	桥梁尺度大，拱形较为高陡，造型气势雄伟。	

4.浮桥

浮桥,常见于我国江南一带,有直浮桥、曲浮桥、潮汐桥、通航浮桥和组合浮桥等多种类型(见表2-3)。它是一种以船只或其他浮箱浮体代替桥墩,抑或是桥面直接漂浮于水面之上的桥梁,也被称为舟桥。在我国,浮桥通常会采用横越于河道的绳索或链锁连接的方式,将其浮体予以贯穿串联,锁链两端栓系固定于河道两岸的栓石桩上,并根据河流缓急决定其浮体固定的方式。作为浮体的船只或浮箱之上,通常会铺设木板,以便行人通行渡河。我国古代浮桥的诞生,不仅见证了中国历史上应用浮力的伟大创举,而且验证了中国古代浮桥营造技术,不仅可以横跨于小河之上,早在战国时期就创造出蒲津桥从黄河上跨越的奇迹。此外,由于浮桥具有构造简单、建造速度快的特点,在战争年代,往往会被广泛应用于渡河作战之中,常被称为"战桥"(见图2-4)。

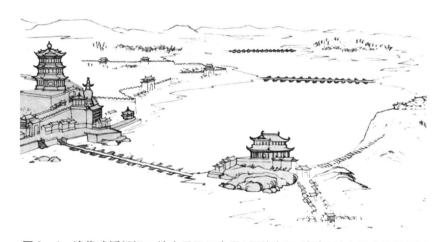

图2-4　清代武浮桥汉三镇太平军示意图(图片来源:唐寰澄《中国古代桥梁》)

表2-3　中国境内浮桥类型分析(李紫含绘)

类型	构造形式	图例
直浮桥	通常将一只只木船并排排列,使其单独抛锚固定于河底,以保持桥面相对平稳顺直。	

类型	构造形式	图例
曲浮桥	通常将绳索或铁链连系于河道两岸的栓石桩上，横越河道的链锁贯穿串起平列在河面上的舟节桥形成浮桥，浮桥桥身顺河水流向，自然向下游弯曲成形。	
潮汐桥	一种适应河道水位季节性涨落变化的可调节性桥梁，如宋代的中津桥，因受潮汐影响较大，采用"活动引桥"的方式，其一端固定于河岸，另一端则采用可随水位升降变化而变化的多孔栈型桥面，以衔接调节浮桥与河岸间高差的变化。	
通航浮桥	一种适宜河道船只通行的浮桥。由于浮桥横截于河道，对于航道船只的通行造成了阻碍。于是，将浮桥建造成一种可随时开启或关闭，以保持船只和桥面行人交通畅达的桥梁。	
组合浮桥	将其他类型桥梁相结合的可通航的复合型浮桥。	

5. 廊桥

廊桥，顾名思义就是桥上建有廊屋或顶棚的桥梁艺术形式。其结构构造主要是将廊、屋、亭等建筑形式与桥梁拱架巧妙地结合，以形成一种具有多功能复合形态的地标性桥梁建筑艺术形式，也常被称为风雨桥、屋桥、亭桥等。其最大的特点是具有遮风挡雨的功能，并兼具观赏、社交、交易、供人休息、祭祀等多方面功用。在我国，早在汉代就有相关的建造记载，至今已有两千多年的历史。其结构类型又可从拱架的差异上区分为木拱廊桥、石拱廊桥和伸臂梁廊桥三种。其中，古木拱廊桥在世界桥梁史上占有极其重要的地位。我国现存古木拱廊桥主要集中分布于闽、浙、湘、鄂、赣等边界山区，尤其是在浙江南部的庆元、泰顺、景宁和福建东部的寿宁四地留存数量较多且较为集中（见图2－5）。

图2－5　浙江泰顺木拱廊桥（作者自摄）

综上所述，我国境内现存古桥梁类型特点见表2－4。

表2－4　中国境内现存古桥梁类型特点（王亚楠绘）

古桥类型	主要分布位置	特点
拱桥	湖北和浙江地区	拱形优美，桥身如虹，结构坚固、历史悠久。
梁桥	南方多水地带	其桥梁结构简单、平直，较容易建造，是我国古代桥型中最为普遍且最早出现的桥梁形态。
汀步桥	南方多水地带	就地取材、结构形式简单、造价低廉、特色鲜明。
浮桥	福建、赣州一带	建造简单、移动方便、开合随意、造价低廉。
廊桥	闽、浙、湘、鄂、赣等边界山区，尤以浙江南、闽东较为集中	外部造型美观，屋顶形式因桥上廊、屋、亭、阁的复合形式不同而变化多样，内部构架与中国传统木结构体系无异。

2.2.2　根据材料分类

中国自古疆域广袤、物产丰腴，古人常顺天意而为，择良木而栖，造就藤、木、砖、石、竹、盐等不胜枚举的造桥材料、工艺，以及造型迥异的桥梁艺术形式。尽管，随着社会的发展，桥梁营造技艺水平不断提高，新型桥梁建筑材料不断涌现，中国古代桥梁的造型样式也发生了翻天覆地的变化，但是，除了早期原始萌芽时期出现的独木梁桥和堤石梁桥以外，我国古代的桥梁建筑均不外乎由桥身和桥墩两部分组成。其造型、结构、跨度、规格的选择往往会依据桥梁建筑营造材料而定，换言之，桥梁建筑材料的选用，也会直接或间接影响我国古代桥梁建筑的造型形式。

1. 木桥

木桥，早在我国秦汉时期以前就已出现，是我国桥梁建筑营造结构中最早出现的型材之一。但因木材材质较为松软，易被腐蚀，且自身长度和强度的限制，往往不适宜在较为宽阔的河流或水面上架设。不仅如此，木质桥梁本身还不具备持久的牢固性，具有年久易损、明火易燃等弊端，往往很难长存于世。尽管我国古代匠师不断积累、总结桥梁营造的经验，并创造了诸如桥基防腐和桥身伸臂叠梁加固等诸多技术手段，但在随后的发展中，尤其是进入我国古代魏晋南北朝时期，木质桥梁仍然逐渐被木石混合或石构桥梁广泛取代。

木构廊桥，是我国古代闽、浙边境山区中最具特征性和代表性的桥梁结构形制。主要可分为木拱、平梁、悬臂式及八字撑四种廊桥构造形式。它们均采用全木材料构筑的方式，却具有不同的造型特征。这其中，尤以木拱廊桥技术含量最高，特色最为鲜明，可谓世界桥梁建筑史上最为独特的桥梁建筑形式之一。因其造型形似彩虹，也常被称为"虹梁式木构廊桥"。此外，因其梁架多采用木材叠置方式建构，且上设廊屋可避风雨，故也被称作"叠梁式风雨桥"。尽管其称谓有所不同，但其架设结构基本一致。以浙江云和的梅崇桥为例，该桥为全木榫卯结构构筑，整座桥梁的结构主要选用大小规格相同且质地均匀的圆木杆件，采取以纵横交置方式，叠加构筑形成桥梁完整的木撑架式拱骨架。建造时，全程不使用一钉一铆，并巧妙地利用在桥梁上建造廊屋的手段，增加桥梁自身的重量，增强整座木拱廊桥的稳定性（见图2－6）。而平梁木廊桥也叫"平梁伸臂式木构廊桥"，其桥体结构多由廊亭、桥跨、支撑三部分组合而成。其桥面为木架结构，多以杉木作为桥梁的建筑选材，并将其梁木直接架设于两岸的块石桥塊①之上,或是河道中段建起的桥墩之上。如若梁间跨度较大,型材长度不足,往往会在桥墩上,以木材叠架伸臂的方式,解决木材尺度受限的问题。平梁木廊桥的桥墩多为六面柱体结构,其桥台多以大块方形青石砌筑,以毛石填充其内。悬臂式木廊桥,则属另一种建造形式的平梁廊桥。有别于前者的伸臂结构,在遇梁间跨度较大时,悬臂式廊桥是人为地将其伸臂结构翘起形成悬臂,并在其翘起的悬臂两端架设水平的横梁;而平梁式的伸臂则平行于水面。八字撑木廊桥,则一般不在桥墩两侧构建伸臂或悬臂结构,而是改用木头构筑方形的架子,以支撑起两侧桥墩。它可归属于另一种形式的平梁木廊桥,其建造方式虽然使桥梁的受力较为合理,但仅适合建造在跨度较小的溪流或河道之上,因此,应用范围较小。

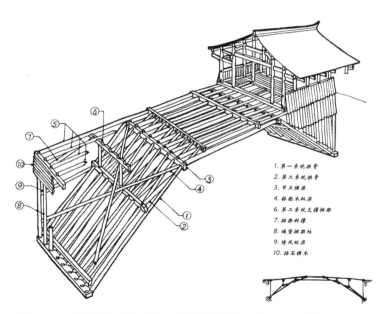

1. 第一系统拱骨
2. 第二系统拱骨
3. 节点横梁
4. 桥面木纵梁
6. 第二系统支撑排架
7. 排架斜撑
8. 端壁排架柱
9. 博风板梁
10. 垫石横木

图 2 - 6 浙江云和梅崇桥结构透视图(图片来源:唐寰澄《中国古代桥梁》)

---

① 塝:是指桥两头靠近平地的地方。

2. 石桥和砖桥

在中国，石桥或是砖桥通常指的是桥梁的桥面采用石材或是砖材建造的桥梁。其中，石桥在我国古代桥梁遗存中最为常见，而使用纯砖料建造的桥梁并不多见，更多的是采取与石材或者木材混合构筑的方式建桥。我国的石桥构筑主要分为梁桥和拱桥两种主体结构模式。其中，石梁桥主要包括堤石梁桥、石梁石柱桥、石梁石墩桥、石板平桥、伸臂石梁桥、多边石梁桥六种形式。石拱桥也有折边形、弧形、半圆形、马蹄形等多种形式。

堤石梁桥是我国原始的砖石梁桥雏形。远古时人们常置石为梁或矴，以便于过水故而形成原始桥梁。堤石梁桥常建于水位较低且水流缓慢的地区。这类桥梁桥身较矮，形如堤坝或石阶，常因涨水而没，故也被称为"漫水梁桥"。堤石梁桥通常对于泄水的速度要求较高，当涨水时，以便流水能漫过桥面畅通无阻；退水时，又能快速排水，以显露桥面方便通行。

我国早期的石梁桥结构，多由简支木梁桥结构衍生而来，早在春秋战国时期，便出现了石墩木梁跨空式人工石桥梁形式，并由此得以进一步发展，逐渐在西汉时期出现了石柱式石梁桥结构。而石梁石墩桥结构是我国古代桥梁结构中最为常见的桥梁形式。这类桥由木梁石墩桥演化而来，有效地避免了木质梁板受到水流的侵蚀而腐烂的弊端，硬度及耐用性更佳。石板平桥、伸臂石梁桥与前述平梁式和悬臂式木结构桥梁类似，仅为衍生材料差异而已。多边石梁桥，则是一种介于梁桥和拱桥结构间的桥型结构，据史书记载，初为三折边石梁桥，发展为五折边石梁桥和七折边石梁桥，也由此逐渐演化为后来的石拱桥形式。

在我国，石拱桥因秦汉时期的砖石拱券结构技术成熟而生，由多边石梁桥演化而来。有籍可考的石拱桥记载可追溯至东汉时期，为一座单跨石拱桥。直至隋代，我国石拱桥营造技艺发展就已达到了鼎盛时期，并留下了举世闻名的旷世杰作——赵州桥。这也是世界上第一座敞肩式单孔弧形石拱桥，它的出现为我国乃至全世界的桥梁发展谱写了一曲技惊四座的篇章。

至宋代，我国石桥建筑进入全盛发展时期，长度达到数里的大跨度跨海或跨河石桥在当时已不鲜见，并留下了诸如北京卢沟桥（见图 2 - 7）、福建平安桥、山西晋祠鱼藻飞梁等古代石桥的经典之作。较之当下以钢筋混凝土为主材的桥梁,石桥的建造优势在于,一方面,其建造时就地取材方便,可节省造价;另一方面,其构造较为简单,易于施工,耐久性好,养护成本低。其弊端在于,桥梁的自重过大,导致桥梁下部结构的工程数量增加,对地基要求相对较高。

图2-7　北京卢沟桥(王宪舟摄)

3.铁桥

铁桥,顾名思义,就是由铁质建材构筑的桥梁建筑,主要分为铁索桥和铁柱桥两类。相对而言,在我国铁索桥更为常见。其中,铁索桥主要由多根可锻铸的铁质扣锁相互环扣形成的链锁组合而成,也被称为"吊桥"或"索桥"。铁索桥主要分布于我国西南山区。这些地区往往是水流湍急,且很难直接固立桥墩的陡岸险谷地带。据史料考证,我国铁索桥最早出现于秦汉时期,因其具有坚固、耐用、无须墩台支撑且空间跨度不限等优点,故在后续的发展中被广泛地应用于多山峡谷地区。现存最知名的铁索桥实例,无疑是因飞夺泸定桥战役而驰名的四川泸定桥。该桥始建于我国明清时期,位于大渡河之上,由9根底链、4根作为扶手的侧链,总计13根铁链,12164个相互扣锁的铁环连接而成(见图2-8)。其建造方法通常是先在河道或峡谷两岸建造房屋建筑。然后,在建筑室内建造能够固定绳或锁链的物体。接着用若干条粗壮铁质绳索平铺系牢,最后,在牢固的铁质绳索上横铺木板,便于行人踩踏。

有时,也会在两侧加设多根链锁作为该桥梁的扶栏。铁柱桥,属于梁桥类型。建造时,一般也会出于造价经济性考虑,采用木材与铁柱混合方式构筑。纯铁柱桥,在我国古代桥梁建筑中并不多见。

在左右各悬上几根缆索做栏杆。

并列几根缆索,上铺设木板,组成桥面。

由两根或三根绳索组成,将每根系在两岸固定位置,如大树或木柱、石柱上。人在一边索上行走,另一边扶手索用以固定索桥。

图2-8　四川清代泸定桥铁索结构示意图(作者自绘)

4. 竹桥和藤桥

在我国,由于地区性气候、环境等自然条件因素的影响,竹桥和藤桥的营造主要集中于南方地区,尤以云、贵、川等西南少数民族地区为最。受竹、藤等型材材料的规格因素制约,这类桥梁建筑往往只能建造在河道、水网较为狭窄的水面上,以作临时通行之用。竹桥,早在我国南北朝时期被称为"竿桥",后来逐渐发展,出现了竹索桥、竹板桥及竹浮桥等不同形式的竹桥类型。其中,竹索桥是一种用竹索绳作为桥梁骨干建造的索桥(见图2-9)。其最早出现于我国秦代,主要是以多根竹子并列排放的方式架构桥面,并在其上铺设板料,遂将其两端系紧以固定。藤索桥与竹索桥类似,主要以藤条为主材,二者均属于我国早期的索桥类型。

图 2-9 云南山区的竹索桥(作者自摄)

5. 盐桥和冰桥

盐桥和冰桥,是我国桥梁建筑中较为特殊的桥梁。比如:冰桥主要集中于我国北方极为寒冷的地带,而盐桥则主要产生于青海的盐湖地区。这些桥梁往往是受其周边特殊的自然环境和地理结构等客观因素的影响而生成,非人为制成。

桥梁建筑多因结构或材料的不同而产生不同的跨径和独特的造型艺术效果。其中,桥梁单跨跨径是衡量桥梁建筑跨越能力的重要标准之一。对于尚处于较低技术能力水平,且为之不断探索的历朝历代的桥梁建造工匠而言,提高桥梁的跨越能力被视为其技艺水平提升的重要创举,并为之不懈奋斗,也为我们留下了令人骄傲的桥梁技艺硕果。这其中,我国古代的石梁桥、木石拱桥、伸臂木梁桥、铁索桥、竹桥的跨径能力均处于同时期全球同类古桥之首(见表 2-5)。

表 2-5　中国境内现存古代桥梁最大单跨跨径表（作者自绘）

梁桥		吊桥		拱桥	
木梁桥：9~10m	木板梁桥：4m	竹索桥：140m（四川盐源清代打冲河桥）	铁索桥：142m（四川芦山清代龙门铁锁桥168m）	木拱桥：39.7m（福建寿宁清代鸾峰桥）	石拱桥：37.02m（河北赵县隋代赵州桥）
石梁桥：23.7m	石板梁桥：12m				
竹梁桥：6~8m	三边石梁桥：14m				
铁梁桥：3~4m	斜撑式木桥：60m 单向伸臂木梁桥：33m 双向伸臂木梁桥：60m（四川甘孜清代波日桥）				

2.3　中国古桥的发展趋势

优秀的桥梁建筑是永恒的艺术，是一种先进文化的代表，是民族文化的根脉。我国的桥梁建筑，从原始到现代，既有着举世闻名的辉煌过往，也有着突飞猛进的当下。它们飞驾于江河湖海之上，跨越于沟壑山谷之间，盘旋于交通要塞之中，点缀于园林庭院之内。它们有的雄伟壮观，有的挺拔傲岸，有的则玲珑剔透、曲曲弯弯。它们连接着历史、现实与未来，反映着社会发展的轨迹，记载着惊天动地的事件，也流传着美丽动人的传说。它是丰碑，记录着劳动者的艰辛；是智慧，展现着技艺的精湛；是激情的诗歌，也是风俗的画卷，积淀衍化成一条长长的历史"文化长卷"，诉说着一首首、一部部无尽的篇章。

从原始的落木为梁，置石为矴，到木桥、石桥、藤桥、铁桥等不同型材的涌现，再到简支、拱券、悬臂、拉索等桥梁结构的相继衍化发展，我国桥梁建筑所传承的不仅是我国优秀的桥梁文化，更是推波于城市经济、技术的发展，也必将助推科技的创新。然而，19 世纪后期，随着近代世界钢铁冶炼业的发展影响，以及中国桥梁营造技术自身的迟滞发展，导致我国木桥、石桥的地位逐渐被铸铁桥和锻铁桥所取代。不仅如此，伴随着 20 世纪 20 到 30 年代钢拱桥的大量出现，以及在现代钢筋混凝土桥、斜拉索桥、城市立交桥等各类科技创新推动下新型桥梁的相继涌现，我们却不无惊讶地发现，这些外来的先进的科技与材料，创造助推的却是钢铁混凝土般的冷漠。不可否认，当下的桥梁建筑确实跨度更大、架设更高、开合连接更科技了,可其与人的情感交流却更少了。我们似乎再也无法寻觅元曲大家马致远所描绘的那种"枯藤老树昏鸦,小桥流水人家"雅致悠远的意境,也无法再畅立于桥头抒写欧阳修那般"独立小桥风满袖"潇洒自得的内心感触,更无法再蹲坐在桥廊上、岸桥旁聆听老者讲述那一个个令人遐想的传说……桥面上穿梭如流如织的车辆,桥那头无法停息的脚步,留下的却是那一道道城市的背影,串联着城市钢混森林般无尽的边际(见图 2 – 10)。

图 2 – 10 武汉的城市立交桥(作者自摄)

或许,作为世界桥梁光辉发展历史中一个重要组成部分的中国桥梁建筑,伴随着世界桥梁建筑科技的迅猛发展,暂无法规避于当下全球化发展的大同,而不得不呈现出随波逐流之势。但与国外桥梁建筑仅单一注重其物化本体的构筑不同,中国的古桥建筑更注重于桥梁建筑与环境、与人文、与精神的心灵共鸣。在日益注重人居生存环境发展的今天,基于"人—桥"关系营造的中国古桥建筑哲学,或许不仅是自身立足于世界桥梁建筑舞台的特色存在,更无疑是弥补西方唯物美学人情淡漠思想的一剂良方。回归人文关怀的中国桥梁建筑,于情、于理、于人无疑都将推动世界桥梁建筑的发展,再续中国桥梁建筑的辉煌。

2.4　小结

　　中国古桥建筑由少到多、由简趋繁、由粗至精，大致经历了六个阶段，其营造技艺的水平也伴随着生产力水平的提高而发展，逐渐形成了自身的特点。

　　一是地域性。所谓一方水土养一方人。不同地域的自然、地理及人文社会环境，也孕育并造就了我国天南地北间各具地域特色的桥梁建筑特征与气质。例如：在我国西北和西南地区，这里山高水急、谷深崖陡，桥墩砌筑无疑难于登天，因此，这些地方多采用当地盛产的藤条、竹索、竹木等材料，以建造吊桥、伸臂式木梁桥或索桥居多；而在我国北方、中原地区及黄河流域，由于其地势较为平坦，且河流水域相对较少，物质运输也多见于传统的骡马大车或载重型手推板车方式，因此，这里的桥梁多为宽坦雄伟且略显厚重的石拱桥或石梁桥；而在我国南方的岭南、江南以及闽、粤沿海地区，这里雨水充沛、水网丰盈，盛产质地坚硬的石材，所以，墩薄拱高的石桥在此比比皆是；而我国云、贵、川少数民族地区，这里盛产竹材，因而，随处可见别具一格、形态各异的竹桥建筑。从桥梁的风格来看，北方的桥，正如北方人一般，粗犷、厚重，处处彰显其雄浑、朴实又不失沉稳的气度；而南方的桥，也如同南方人一样，隽秀、轻盈，处处流露"小桥流水人家"般小家碧玉之貌。

　　二是多样性。早在我国汉代就已产生了以梁、拱、浮、索为主体特征的桥梁形制，并由此衍生出了专门从事桥梁交通建设的队伍。随着社会文化、经济、营造技术水平的不断提升，以及桥梁建造地域环境、材料构造形式因素的不同，又由这四种基础桥型分别演化出尖首石墩桥、箱式石墩桥、石柱桥、竹板桥、溜索桥、平梁廊桥、悬臂廊桥、折边拱桥、尖拱桥、圆拱桥、马蹄拱桥、八字桥、十字桥、飞阁、栈道桥及园林桥等，几乎应有尽有，似乎任何形式的古桥建筑形式在我国均能找到。

　　三是多功能性。在我国，桥梁建筑是古代桥梁建造匠师们智慧的结晶。他们一切从实用性出发，营造设计不仅因地制宜，还兼顾桥梁更多的功能作用，以造福大众。例如：江南地区的拱桥，多两头平坦，中间高拱隆起，这样既兼顾了造型美感的因素，又利于行舟。而南方雨水多、日照强，在桥上修建廊屋,不仅能为过往行人提供了遮风避雨、便于歇息的场所,还增加了桥梁的自重,以避免洪水的侵袭与冲击,同时起到保护桥木、铁索等建筑构件不受风雨腐蚀的作用。

四是公益文化性。桥梁自产生始,便以属于民众共有的社会性出现。我国的传统建筑一般多为私有,唯有桥梁(除私家园林中的桥梁外),不管是官修或私建都为社会所公有。不仅如此,在民间古老遗风中,桥梁作为人神交感的重要天梯,成了人神互通的重要媒介,扮演着救苦渡厄、送子保生、迎嫁送婆的重要角色,并引得无数文人骚客寄桥生情、浪漫传说得桥而活,诸多善举轶事因桥彰显……正因为古桥荟萃了无数先民的聪明才智和群体力量,因此,数千年来无论是修桥还是建桥都极具广泛的群众基础,而爱桥、护桥也成为一种良好的风尚。这与今天以路桥谋利的方式大相径庭。

总之,这些桥或大或小、或早或晚,却都因其自身的价值,成为我国古代建筑的重要组成部分。其发展将人与人、山与河、社会与自然、市井与乡野、梦想与现实、远古与未来联系在一起,使之融为一体。因为有了桥,道路得以继续延伸,人行车马不再止步。更因为有了桥,文化得以不断演绎,生活也不再空洞。

3 鄂南古桥概况

3.1 鄂南的城市背景

广义上的鄂南,泛指位于我国湖北省南部的各县、市、区,涉及湖北省的咸宁市、黄石市、石首市、鄂州市、武汉市的江夏区等地。但因为地理区位上的交集界定的复杂性,以及辖属性质的差异性,在通常意义上,为了城乡界域的明确区分,一般狭指位于湖北省最南端的咸宁市及其所辖的咸安区、嘉鱼县、通城县、崇阳县、通山县和赤壁市1市、1区、4县的区域范围,本研究所称鄂南地区,也即通常意义上的湖北省咸宁市及其辖属的县、市、区。

《周易》有云:"乾道变化,各正性命。保合太和,乃利贞。首出庶物,万国咸宁。"①"咸宁"一词,最早可追溯至周朝典籍之中,如《尚书·大禹谟》所言及"野无遗贤,万帮咸宁"等②,其意喻均释为普天安宁之意。其地域建制,始于唐代宗大历三年的"永安镇",称谓确立于宋真宗景德四年,因避讳之故,取与"永安"近义的《易·乾象》中"万国咸宁"之意,意寓"民安邦宁"之愿。

3.1.1 城市发展沿革

鄂南地区因地处湘、鄂、赣三省交界处,地缘辖区划分归属更迭频繁,故咸宁市及其辖属地区行政建置虽相对较晚,但其辖区各地的历史却相对悠久,且源远流长。出土文物证明,在五千多年前的新石器时期,这里就有人类生息和繁衍。鄂南地区初始为古代楚国楚鄂王的封地。秦始皇二十四年(公

---

① 黄寿棋,张善文.周易译注[M].上海:上海古籍出版社,1989:18.
② 陈梦家.尚书通论[M].北京:中华书局,1985:154.

元前 223 年)楚地被分为四个郡,鄂南所在的江南则归属南郡。汉初,高祖刘邦在公元前 201 年于荆州辖区设置江夏郡,并下设沙羡县,将咸宁、嘉鱼、蒲圻(今赤壁市)等地归属其中,而辖属崇阳、通城等地则归属南郡的下隽县。三国时期鄂南隶属东吴,魏文帝黄初二年(221 年),孙权自公安迁鄂称吴王,将东吴境内的江夏郡、庐陵郡、豫章郡合并归置于武昌郡。东吴黄武二年(223年)又拆沙羡县西南,设置蒲圻县,此后鄂南咸宁又先后隶属武昌郡、江夏郡、沙羡县等郡县。至西晋武帝太康元年(280 年),吴灭,又将江夏郡改为武昌郡,拆分沙羡县西南境,扩增蒲圻县属地,包括今鄂南部分地区,而其余部分地区则归属武昌郡。东晋成帝咸和年间(326—334 年),因汝南地区的流民迁居至夏口,故侨立汝南郡,并设立地方治所于涂口(今江夏金口),而至孝武帝太元三年(378 年),改汝南郡为县,鄂南咸宁等地又隶属汝南。南宋孝武帝孝建元年(454 年),又将荆、江、湘、豫四州予以拆分,而增设了郢州,其辖属区复置为江夏郡,此时,鄂南则又隶属郢州江夏郡。到南齐时,江夏郡又被拨归沙阳管理。梁元帝承圣三年(554 年),陈因梁制,郢州又被分置设立北新州,而沙阳则被分置设立沙洲辖区,鄂南此时则隶属沙洲。至隋朝,文帝杨坚于开皇三年(583 年)废天下诸郡,实行州县制,并在开皇九年(589 年)废除了江夏郡改立鄂州,改汝南县为江夏县,此时鄂南多域则隶属江夏县;隋炀帝大业年间(约605—617 年)则撤鄂州,再次复置江夏郡,至此,鄂南地区则再次归属江夏郡江夏县。唐高祖武德四年(621 年),江夏郡改设为鄂州,鄂南地区则隶属鄂州的江夏县。唐代宗大历三年(768 年),原江夏县南境的金城、丰乐、宣化三个乡被一并分割,并设置永安镇,直接隶属鄂州。而此时的永安镇,即为鄂南咸宁的建置之始。意昭永久安宁之意。

咸宁,改镇立县,始于南唐保大十三年(955 年),此时的永安县是由唐明宗天成三年(928 年)改称的永安场升级而来,但仍隶属鄂州。此后,北宋年间鄂南部分地区又因管辖归属先后置县,如:乾德二年(964 年)置通山县。开宝八年(975 年)置崇阳县,但仍隶属鄂州。至宋真宗景德四年(1007 年),为避太祖永安陵讳,真宗赵恒依据《易·乾象》中"万国咸宁"一词近义于"永安",遂将永安县改名为咸宁县。自此,鄂南的"咸宁"这一地名才正式隽刻于九州大地之上。

至元代,地方政治制度进入划省而治的阶段,郡县制被废除,中央与地方管理机制改为行省制。而此时,因为地方归属的划分不同,鄂南地区归属也不尽相同。如咸宁、通城、嘉鱼、崇阳、蒲圻等地隶属湖广行省的武昌路;而通山则隶属江淮省的蕲黄道,不久又划拨湖广行省兴国路管辖。明清时期,鄂南辖区各地后又均归属武昌府。民国二十一年(1932年),除通山县以外,鄂南地区其他县域均归属湖北省第一行政督察区。1936年,通山改归属第一行政督察区。

新中国成立后,鄂南地区辖属地域几经更迭,变动较大。新中国成立初期,咸宁、通城、崇阳、通山等地隶属大冶专区;而嘉鱼、蒲圻等地则隶属沔阳,其后又于1951年改划至大冶。1952年大冶专区被撤销,鄂南各地又改属孝感地区,此后又先后隶属或改属武汉市(1959年)和孝感地区(1961年)。1965年中央设立咸宁专区,辖区下设咸宁、武昌、鄂城、阳新、嘉鱼、蒲圻、崇阳、通山、通城9个县。1968年,咸宁专区被改称为咸宁地区。而1975—1979年前后,其辖属武昌、鄂城县又被分别划属武汉市和黄冈地区,但其余辖属地区及称谓仍保持不变。1983年8月,咸宁县被撤销,设立县级咸宁市。1986年5月,蒲圻县也被撤销,设立县级蒲圻市,但仍隶属咸宁地区。1996年12月,阳新县从咸宁地区辖属关系中脱离,划归黄石市。而蒲圻市于1998年6月经国务院批准更名为赤壁市,仍隶属咸宁地区。1998年12月,经国务院批准,咸宁地区和县级咸宁市被撤销,设立地级咸宁市,并设立咸安区,以原县级咸宁市的行政区域作为咸安区的行政区域。至此,鄂南(咸宁)的辖区范围最终确定,包括:咸安区、嘉鱼县、通城县、通山县、崇阳县和赤壁市1市1区4县,并成为隶属湖北省的地级市之一(见表3-1)。

表3-1　鄂南地区建制沿革表(作者自绘)

年代	建制	归属
汉初(公元前201年)	置江夏郡沙羡县、南郡下隽县。	隶属荆州。
魏文帝黄初二年(221年)	合江夏郡、庐陵郡、豫章郡。	隶属武昌郡。
黄武二年(223年)	拆沙羡西南境,设置蒲圻县。	先后隶属武昌郡、江夏郡、沙羡县。
西晋武帝太康元年(280年)	改江夏郡为武昌郡,拆分沙羡县西南境,扩增蒲圻县属地。	部分隶属蒲圻县和武昌郡。

年代	建制	归属
东晋成帝咸和年间（326—334）	侨立汝南郡，设地方治所于涂口。	隶属汝南郡。
孝武帝太元三年（378年）	改郡为县。	隶属汝南县。
南朝孝建元年（454年）	将荆、江、湘、豫四州予以拆分，而增设了郢州，复设江夏郡。	隶属郢州江夏郡。
梁元帝承圣三年（554年）	郢州被分置设立北新州，而沙阳则被分置设立沙洲辖区。	隶属沙洲。
隋文帝开皇九年（589年）	废除江夏郡改立鄂州，改汝南县为江夏县。	部分隶属江夏县。
隋炀帝大业年间（约605—617年）	撤鄂州，再次复置江夏郡。	隶属江夏郡江夏县。
唐高祖武德四年（621年）	江夏郡改设为鄂州。	隶属鄂州江夏县。
唐代宗大历三年（768年）	原江夏县金城、丰乐、宣化三个乡被一并分割，并置永安镇。	独立建置，隶属鄂州。
南唐保大十三年（955年）	改镇立县，由永安场升级为县	隶属鄂州永安县。
北宋乾德二年（964年）	设置通山县。	隶属鄂州。
北宋开宝八年（975年）	设置崇阳县。	
北宋景德四年（1007年）	易名咸宁县。	
北宋熙宁五年（1072年）	设置通城县。	
元代	废除郡县制，改为行省制。通山则隶属江淮行省，鄂南其他地区地隶属湖广行省。	分属湖广行省和江淮行省。
明清时期		隶属武昌府。
民国二十一年（1932年）	通山属湖北省第二行政督察区，其他地区属第一行政督察区。	隶属第一行政督察区和第二行政督察区。
1936年	通山，改属第一行政督察区。	隶属第一行政督察。
1949—1951年	咸宁、通城等地隶属大冶专区；而嘉鱼、蒲圻等地则隶属沔阳。	1951年改属大冶专区。
1952年	撤销大冶专区，改属孝感地区。	隶属孝感地区。
1959年		隶属武汉市。
1961年		改属孝感地区。

续表

年代	建制	归属
1965 年	设立咸宁专区，辖区下设咸宁、武昌、鄂城等 9 个县。	隶属咸宁专区。
1968 年	咸宁专区被改称为咸宁地区。	1975—1979 年前后其辖属武昌、鄂城县被分别划属武汉市和黄冈地区。
1983 年 8 月	撤销咸宁县，设咸宁市。	隶属咸宁地区。
1986 年 5 月	撤销蒲圻县，设蒲圻市。	隶属咸宁地区。
1996 年 12 月	阳新县改属黄石市。	其余地区隶属咸宁地区。
1998 年 6 月	蒲圻市更名为赤壁市。	隶属咸宁地区。
1998 年 12 月 6 日	咸宁地区和县级咸宁市被撤销，设立地级咸宁市，并设立咸安区。	隶属咸宁市。

　　鄂南地区东邻赣北，南接潇湘，西望荆楚，北靠武汉。有着闻名全国的"桂花之乡""楠竹之乡""砖茶之乡"等多重美誉，其辖属区域更是各具特色，久负盛名。如赤壁市因"三国故事"而驰名；嘉鱼县坐拥秀水澄湖，鱼米飘香；通山县则九宫巍峨，云海缭绕；而通城县通衢三省，商贸不绝……早在我国宋元时期，凭借自身便利的交通通达性，以及优越的自然环境条件，鄂南成了荆楚大地粮、油、茶等小商品的重要集散地，以及水路货运的主要码头，是当时鄂东南连接湘赣的商业中心，有着"小汉口"的美誉，大大小小的桥梁建筑也成了这个时期山路、水路经济串联的重要纽带。明清时期，由于当时茶马互市贸易体系的发展，以及物作栽植技术的提升，使得同一时期鄂南地区茶叶、苎麻、稻米等农作物的产量进一步提升，桥梁也成了这个时期村落、农田水利物作的基础设施，架构了鄂南地区乡镇经济的发展框架。经史料考证，鄂南赤壁的羊楼洞就曾经是始于 17 世纪的中俄"万里茶道"上最为繁荣兴盛、历史最长且制茶业规模最大的源头集镇，汇集了来自俄国、德国、英国等各国的精英商贾，当地的"青茶"也因一座座连通山水的桥梁而名扬四方。可以说，鄂南的桥不仅留下了茶马经济的峥嵘记忆，也形成了外界对鄂南地区的整体认知。也由此，鄂南地区大小村落、地标开始习惯以"桥"命名（见图 3－1），以建桥为功德之举。

图 3-1 咸宁市区"千桥之乡"道路景观(作者自摄)

19世纪末,随着中国近代史的开始,鄂南地区经济、社会与文化也迎来了近代的第一次转型发展。此时,由于京汉铁路的正式开通,直接导致了长江流域水运经济地位的下降,以及滨水贸易方式的转变。鄂南部分乡镇经济也逐渐走向衰败。然而,凭借湘、鄂、赣三省经济贸易腹地的区位优势,鄂南地区抓住了经济转型发展的机遇,使得以羊楼洞、赵李桥等为代表的当地以茶叶、农产品生产加工为主的企业和商业迅速崛起。鄂南地区也由此逐渐成为当时荆楚地区民族工商业发展的一个新兴的经济地区。为振兴当地民族工商业经济,个人捐资建桥、民众筹款修桥逐渐成为这一时期社会经济发展的主旋律。

鄂南地区社会发展的第二次转型是在20世纪中后期,伴随着新中国的成立,以及社会主义建设统筹的发展需要,部分国家委属重工业企业布局鄂南,如:1970年隶属国家煤炭工业部的湖北省煤矿机械厂由河北张家口迁至咸安区,以及咸宁工程机械厂、水泥厂等,这一时期鄂南地区的重工业技术开始蓬勃发展,也使得鄂南地区的桥梁建筑工程及技术得以迅猛发展,公路桥、铁路桥等不同类型的桥梁数量剧增。

直到1998年,正式撤销咸宁地区和县级咸宁市,伴随着改革开放的春风以及21世纪的发展蓝图,鄂南地区得以实现第三次转型发展,鄂南当地各级政府部门充分挖掘自身自然资源优势和地理位置特点,以"水"为依托,以"资源"为优势,开始新建工业开发区,大力发展以"温泉地热""森林生态休闲"旅游为主体的服务外向型经济,与武汉周边城形成"8+1"城市经济圈,并依托武汉城市圈与长株潭城市群两大改革试验区的中轴优势,大力开展全国"两型"社会建设综合配套改革试验区建设,鄂南地区的人口和经济也迅速发展,使鄂南地区城市发展由原来的粗犷型格局向现在的多中心格局发展(见图3-2),也为鄂南地区古桥文化的发展迎来了新的机遇。

图3-2 鄂南地区乡镇旅游分布图

3.1.2 地理环境

鄂南地区隶属湖北省,地处湖北省东南部,长江中游南岸,湘、鄂、赣三省交界处。地跨北纬29°02′~30°19′,东经113°32′~114°58′。区位适中,交通八达,万里长江环流其北,百里水道依境东流,京珠高速、京广铁路贯通南北,106、107等国道贯穿东西。其地势多由中山、低山、丘陵组成。其中,其境内的赤壁茶庵岭向咸安区双溪镇以北地区多为江河湖冲积平原区,位于鄂南的西北部;其中部的茶庵岭至双溪以南,以及通山县高湖乡至沙店村以北的大部分片区,则为大幕山脉,呈现为雨山低山丘陵区;而其境内最大的山脉——幕阜山脉则矗立于其南部,位于通山县高湖乡至沙店村以南,呈现为变质岩、花岗岩组成的穹隆褶皱断侵蚀构造的山陡坡地形,形成层中山区。大地构造处于扬子准地台(Ⅱ)东端的下扬子台坪(Ⅱ3)的大冶褶带(Ⅱ3)的梁子湖凹陷(Ⅱ3)和幕阜台坳(Ⅱ4)的通山台褶束(Ⅱ4)以及鄂南台褶束(Ⅱ3)3个四级构造单元。① 辖区内可见元古代至新生代地层,并伴有岩浆活动迹象,且主要集中于区内通山县九宫山一带。也正是由于地壳运动的影响,鄂南区域内穹隆褶皱断裂发育与发展,才逐渐形成了鄂南地区如今南高北低呈波状递减,逐渐过渡到临江滨湖的平原地貌景观。

从地理纬度来看,鄂南地处中纬度地带,属于典型的大陆型亚热带季风性湿润气候。因此,这里四季分明、雨水充沛且无霜期较长,年均降水量达到1500～2000mm,使得辖区内水网纵横交织,河湖密布,物产富庶。新中国成立初期,鄂南辖域内曾有淦水、汀泗河、高桥河等大小水系70余条,大小湖泊115个……(见图3-3)。面对大自然九曲回肠的地域阻隔,桥成了这里最基本的交通设施,建造桥梁也成为这个城市带动经济发展的唯一出路。为此,鄂南人常遇水搭桥,并将建桥作为积功颂德的义举而形成一种风尚,也使得鄂南水陆交通发达,经济也因桥得以贯通与发展。

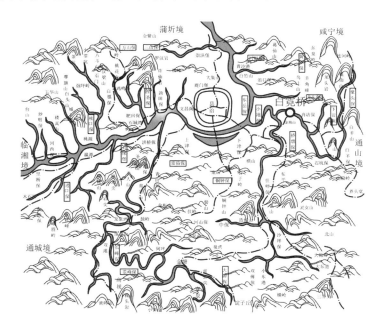

图3-3 解放前鄂南地区水系图(咸宁市博物馆资料图)

① 佚名.咸宁市自然资源简介[EB/OL].自然资源.咸宁市人民政府网.(不详)[2017-4-18].http://www.xianning.gov.cn/xngk/zrzy/201208/t20120802_504913.shtml.

鄂南地区的乡野古桥，或大或小，或曲或直，飞虹遍野，百态千姿，它们不仅使散落于鄂南乡土的一个个聚落与四通八达的河道水网紧密相连，形成了一套完整的生态环境体系，也使得其自身成了这套体系中一道独特、靓丽的风景线，将鄂南的文明与生态图景有效呈现。在鄂南，以桥名命地名者比比皆是。据调查统计，仅咸宁市咸安区，以桥命名的集镇就多达46个，如：马桥镇、汀泗桥镇、官埠桥镇等；因桥而得名的自然村落，如：刘家桥村、陈益桥村等，则更是多达400余个。正所谓无桥不成路，无桥不成村，无桥不成市镇。年长日久，"依桥而成市、因桥而兴镇、赖桥而闻名"[①]。桥，也因此逐渐成了鄂南文化地理中不可或缺的组成部分，并由此建构了荆楚文化整体中鄂南文化地理的形象坐标。

3.1.3 自然资源

鄂南地区现有土地面积9861平方公里，辖区建设用地总量8.14万公顷，其中，水域及水利设施用地约占辖区建设用地的22.6%，达1.84万公顷。金水、陆水、富水、黄盖湖四大水系密布交织于其间；辖区内面积超过30公顷的湖泊19个，总湖容31.523亿立方米，主要湖泊有西梁湖、斧头湖、黄盖湖、大岩湖和密泉湖等。河流246条，长江自西向东经螺山而下，流经赤壁市、嘉鱼县环绕簰洲湾经上沙伏，入武汉市江夏区向东流去，境内长138公里。全市地表水资源79.455亿立方米，地下水资源24.49亿立方米。[②] 由数据不难看出，鄂南地区不仅天然地表水源丰富，而且外来水源补给充盈。由于气候因素的影响，使得其辖区内雨量充沛，雨季相对较长，地下水资源储量相对充足。据统计，仅咸宁市区的地下水资源储量，较之江南的江苏省无锡市同期的6349万立方米，相当于其38.5倍，年补给量更是高达数十亿立方米（见图3-4）。

鄂南地区得天独厚的地理环境与自然资源，为其水利、交通和桥梁建设建构了不可多得的发展基础。其境内现存最久远、保持最完好的水利工程当属著名的崇阳县白霓镇的石枧堰，建于后唐，距今已逾千年。该堰，用条块石

---

① 夏晋. 鄂南地区古桥梁建筑的技艺特点及其保护探讨[J]. 中南民族大学学报（人文社会科学版），2014(03)：20-23.

② 佚名. 咸宁市自然资源简介[EB/OL]. 自然资源. 咸宁市人民政府网.（不详）[2017-4-18].
http://www.xianning.gov.cn/xngk/zrzy/201208/t20120802_504913.shtml.

砌成,长158m,宽16m,高6m,堰上西岸,有一古庙,庙前有两块石碑。碑文为清雍正三年"重修石枧陂记"。据《崇阳县志》和碑文记载,此堰创建于后唐长兴二年(931年)。初"以巨木堰水溉田",但不经久,木朽堰毁。至南宋宝祐初,始"易木以石",后又经历代重修加固,才得以保留至今。明代进士王应斗在"重修石枧陂记"中描述了当时修堰之艰。如今这座历经千年的古堰仍巍然屹立,雄伟壮观。堰上碧水千顷,飞瀑直泻;堰下奇石万亩,云雾排空。至今,堰水还能浇灌邻近4500余亩农田(见图3-5)。尽管,当时鄂南地区水利工程发展尚处于初级阶段,但以河道为轴的城乡水网布局形态业已出现。

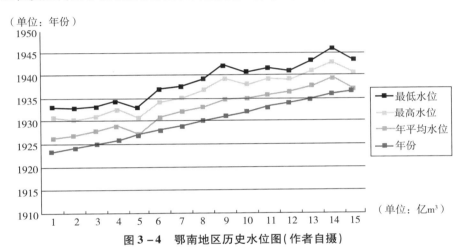

图3-4 鄂南地区历史水位图(作者自摄)

图3-5 崇阳县后唐长兴二年石枧堰(作者自摄)

鄂南古镇多因桥而兴。如：崇阳县的白霓镇始建于宋代，选址于大市、高堤、两河之间的平坦地带，背靠金城山。最初仅是几个临水而居的居民点，村落繁多，人烟稠密，但无商家，更无集镇，一般都是到大市去买卖。远陂堰的建成，使得大市的水上交通运输中断。明嘉靖四十年(1561年)，当地商人熊白泥捐资修建了一座石桥。为铭其善举，而命名"白泥桥"，后改"泥"为谐音字"霓"，桥以人名，镇以桥彰，古镇亦命名为"白霓"。随着白霓桥的建成，陆路贯通，形成以白霓桥为中心的集市，向大市河线发展到码头，并沿河向东发展；清末余耕桥的建成，使古桥跨河发展到北岸；后武长公路的修建，使得古镇垂直街道得以扩充，老镇区基本形成。加上白霓桥临近隽水，水陆交通极为便利，白霓镇也成了当时崇阳县四大古镇之首，是崇阳县下乡进出口各种货物的最大集散地(见图3-6)。

图3-6 咸安区明代官埠桥旧景(作者自摄)

尽管依托水运交通枢纽已并非鄂南地区当下经济发展的主旋律，但其辖区内众多的水系廊道与周边城市陆地凝结形成的城市水网，却成了其社会经济、民族工商业发展的主动脉，见证了其发展，并与之形成和发展产生了千丝万缕且密不可分的依存关系。

3.2 鄂南古桥的分布情况

3.2.1 鄂南古桥的数量

鄂南地区现存古桥数量之多、年代之久远,堪称荆楚一绝。据湖北省第三次全国文物普查统计,目前,鄂南地区辖属区域内现存古桥类建筑1260座。已列为国家或省市级保护的古桥57座;保存较好的唐宋时期古桥涵遗迹9处;百年以上古桥涵类遗址共计672处,占全区不可移动文物遗址的28.16%(详见表3-2)。

表3-2 鄂南地区6县市区古桥涵类统计表(单位:处)

	赤壁市	通山县	通城县	嘉鱼县	崇阳县	咸安区	合计
唐朝	0	0	0	0	2	0	2
南唐	0	0	1	0	0	0	1
宋朝	0	0	0	0	4	3	7
元朝	0	0	0	4	0	0	4
明朝	0	0	1	2	7	10	20
明清	0	0	1	0	5	0	6
清朝	118	93	74	8	77	262	632
合计	118	93	77	14	95	275	672

其中,据课题组实地调查统计,鄂南百年以上的古桥梁建筑遗址共计552处(不包括石堰、桥涵类梁桥水利设施),以石拱桥居多,约460处,占古桥总数的83.33%;石梁桥74处,占13.41%;木桥和砖石木桥18处,占3.26%(详见表3-3)。

表3-3　鄂南地区现存古桥数量、类型分布统计（单位：处）

地域 类型	赤壁市	通山县	通城县	嘉鱼县	崇阳县	咸安区	合计
石拱桥	68	68	24	19	57	224	460
石梁桥	11	2	24	3	7	27	74
木桥	0	10	0	0	2	6	18
合计	79	80	48	22	66	257	552

这些古桥建筑或曲或伸，或大或小，百态千姿，飞虹遍野。而乐借桥名以命地名者更比比皆是。这其中，仅咸安区以桥为名的集镇，如汀泗桥镇、高桥镇、马桥镇等就有46个，而以其为名的自然聚落更是多达400余个，真可谓"无桥不成路，无桥不成村，无桥不成乡，无桥不成镇，无桥不成市"。可以说，桥不仅构筑了鄂南经济、生活的交通纽带，也交织成了鄂南"文化生态"靓丽的图景。

3.2.2　鄂南古桥的建造材料

据当地史料记载，鄂南古桥始为"过水明桥"（即汀步堤梁桥）、独木桥，后为简支梁、砖木梁，后至石拱、石梁、砖混等桥梁类型，境内有稽可考者，尤以唐宋时期遗存为最早，至明清时期桥梁建筑得以发展，工艺也日臻完善。

从桥梁营造的材料来看，鄂南古桥建筑以青石木构居多，辅以少许砖或砖石混筑；后因雨水侵蚀，桥梁木构易腐火损，因此，鄂南木构桥梁遗存较少，仅见十余数个例。据清同治五年（1866年）《咸宁县志》所载，嘉靖年间所造的西河桥"砌石为基，架木其上，为屋十七间"。可见，木梁桥在明代早已有之，桥上还建有凉亭。但因该类型桥梁材质耐用性差，不易维护，流传至今者很少。经第三次全国文物普查考证，鄂南地区现存年代最为久远，且最为完整的木质梁桥是咸安区桂花镇的北山寺廊桥，始建于清光绪十一年（1885年），全长34m，宽4.5m，桥墩为三角形青石砌垒，为全木穿台式结构，以7根大树和10根大木架为主体，主跨底部另加有2根大树，全榫卯构筑，未见一钉一铆。此外，高桥镇的清代福禄桥、桂花镇的清代山下董廊桥（见图3-7）等，也均为石墩全木构穿台式木桥。

图 3 - 7　咸安区桂花镇高升村清光绪山下董廊桥(作者自摄)

3.2.3　鄂南古桥的建筑形制

从桥梁构筑的形制来看,鄂南地区古桥建筑以拱桥和梁桥两类形制为主,堤梁、汀步、廊桥等形制在其辖属境内亦可循迹。其中,尤以拱券结构石桥居多,且历史久远,桥型衍化最为丰富。有稽可考者,以宋代淳佑七年(1247 年)所建汀泗桥(老桥)为最,它也是湖北省境内现存年代最长的石拱桥。桥体全部为石结构,长 31.2m,高 6.53m,共 3 孔,其两侧孔净跨 7.2m,中孔跨径 9.2m。至明清时期,鄂南地区石拱建筑得以发展,营造技艺也进一步提高,桥型结构也逐渐呈现丰富性和多样化,并出现了双曲拱桥、扁壳拱桥、工型微弯桥等建筑形制,有的甚至还在桥面上建有凉亭、廊道、神龛等设施(见图 3 - 8)。石梁桥在鄂南地区出现较晚,且多分布在官埠、杨畈、大幕等地,以简支梁板式桥和矩形梁板面桥为主,可稽考者以清代同治二年(1868 年)的双溪麦湾桥建造年代最为久远(见图 3 - 9)。

图 3 - 8　咸安区桂花镇清道光万寿桥(作者自摄)

图 3 - 9　咸宁市通城县塘湖镇清代圣人桥（作者自摄）

3.3　鄂南古桥的价值

3.3.1　鄂南古桥的历史价值

作为人类古代建筑文明中最为壮观、最具智慧，且最具形式变化的工程之一，中国古代桥梁建筑的价值，不仅表现在其对于所处地域环境、民俗文化、社会面貌的文化呈现价值，还在于其流变衍化下桥梁建筑发展的历史遗存价值。从相关史料和桥记中探寻可知，我国古代桥梁建筑的设计与营造一般会考虑两个因素：其一，物求实，以致用。使其能够横跨江河，往来于车马人流，具有交通通行的实用安全功能。其二，力求美，以共生。使其虽凿造于自然，却能与周边所处环境和谐共生，与人文审美共鸣。因此，我国今昔尚存的古桥建筑，尽管已栉沐千百载风雨，却仍然挺拔盎然地发挥着其特有的交通承载功能，有的更因为其造型的美观、技艺的精湛，被列为重要的文物保护单位，成为当地知名的历史文化景观而声名远播。

鄂南地区建置至今已有一千多年的历史，现仍保留着不同时期的古桥建筑千余座。固然，桥梁古建的价值多依据其建造年代而评定，年代越久远的古桥建筑无疑将更具历史价值。然而，较之于单一时间轴线上的历史价值而言，被赋予了历史信息承载与文脉记录价值的古桥，无疑也更能彰显其别样的历史意义——一种基于历史的"附加"价值。作为一种特殊的建筑形制,鄂南古桥交通要道的功能,无疑伴随着社会的更迭与变迁,亲历并见证了一次又一次发生在鄂南乡土上的重大历史事件和具有影响力的人物,具有重要的历史价值。如:北伐汀泗桥战役,纪念王晔守村抗敌得胜而归的贺胜桥等。尽管,它们中有的并不为外地人所众知,但在当地的历史发展中,却是不可或缺的见证与记录。不仅如此,历经岁月洗礼的桥梁、基石的斑沧痕迹,以及桥梁造型、装饰演变所呈现出来的历史韵味等,也使得鄂南古桥自身的历史价值得以无限升华。鄂南古桥文化的特质,也会由此通过不同的物质或精神层面在这些历史的信息交合中不断得以延伸,并发展成为一种当地的地域文化或是历史的象征。与此同时,那些与鄂南古桥相关的桥记、碑刻,抑或是地名等,也将成为这些桥梁建筑历史价值的"名片",从而形成其历史价值的整体象征。

然而,伴随着城市化进程的加速,鄂南城乡结构的形态也迎来了显著的变化。城市道路的扩建,河道的填埋拓路,高架桥不断增多……越来越多经典的古桥梁建筑却消失殆尽。在鄂南地区,至今一息尚存的古桥梁建筑也多散落在偏僻乡村,抑或被荒野杂草所覆盖。即使仍在延续使用的古桥,也多因年久失修,大多有着不同程度的损伤,亟待修缮与保护。尽管,在2003年鄂南地区政府出于对古桥文化遗产的关注与保护,先后将辖区内现存的一些古桥梁建筑列为县市级文物保护单位或文物控制点,使得这些古桥梁建筑在一定程度上得到了法规的保护,但这种保护毕竟只是历史价值保护手段上的"杯水车薪"。鄂南地区古桥的历史价值保护还有赖更多的人、更多的意识去参与、去挖掘、去传承与保护(见图3–10)。

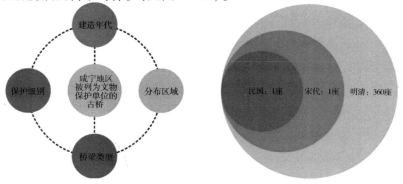

图3–10　鄂南地区被列为文物保护单位的古桥梁分析简图(作者自绘)

依据湖北省第三次全国文物普查相关统计数据,鄂南地区现存古桥梁建筑数量全省居首。其中,25 座古桥梁建筑先后被认定为省级及以上文物保护单位(详见表 3 - 4);从其建造年代的脉络梳理,鄂南地区现存古桥建筑主要集中在明清时期,尤其是清代。其中,宋代 7 座,元代 4 座,明代 26 座,清代 632 座。从其所属辖区的地理分布来看,主要集中在鄂南的咸安区、赤壁市、通山县、崇阳县等地。从保护级别来看,根据《湖北省全国重点文物保护单位名单汇总(2015 版)》统计:汀泗桥作为北伐战役遗址,是唯一一座全国重点文物保护单位,崇阳县的石枧堰,咸安区的刘家桥、高桥、白沙桥,通城县的灵官桥、南虹桥,嘉鱼县的舒桥、净堡桥,赤壁市的三眼桥等是鄂南地区现存古桥梁建筑中,仅有的 24 座被考核认定的省级重点文物保护单位,其余的则多归属所辖的市、县、区级文物保护单位或对象。

表 3 - 4　鄂南境内全国、省级重点文物保护古桥列表(作者自绘)

序号	桥名	建造年代	类型	文物保护等级	地址
1	汀泗桥(廊桥)	1247 年	石拱桥/铁路桥	全国重点保护文物	咸安区汀泗桥镇
2	石枧堰	后唐	石堰桥	省级重点保护文物	崇阳县白霓镇油市村
3	灵官桥	宋代	石拱桥	省级重点保护文物	通城县马港镇灵官桥村
4	舒桥	元代	石拱桥	省级重点保护文物	嘉鱼县官桥镇大牛山村
5	净堡桥	元代	石拱桥	省级重点保护文物	嘉鱼县渡普镇静宝村
6	南虹桥	清代	石拱桥	省级重点保护文物	通城县塘湖镇南虹村
7	刘家桥(廊桥)	清代	石拱桥	省级重点保护文物	咸安区桂花镇刘家桥村
8	高桥(廊桥)	清代	石拱桥	省级重点保护文物	咸安区高桥镇高桥村
9	龙潭桥	清代	石拱桥	省级重点保护文物	咸安区浮山办事处龙潭村
10	三眼桥	清代	石拱桥	省级重点保护文物	赤壁市中伙铺镇中伙村
11	太平桥	清代	石拱桥	省级重点保护文物	赤壁市新店镇潘河北岸
12	珠桥	清代	石拱桥	省级重点保护文物	赤壁市新店镇潘河北岸
13	斗门桥	清代	石拱桥	省级重点保护文物	赤壁市车埠镇斗门桥村
14	袁家桥	清代	石拱桥	省级重点保护文物	赤壁市中伙铺镇中伙村
15	白沙桥	清代	石拱桥	省级重点保护文物	赤壁市官塘镇随阳大竹山村
16	永枫新桥	清代	石拱桥	省级重点保护文物	赤壁市官塘镇独山村
17	方家新桥	清代	石拱桥	省级重点保护文物	赤壁市官塘镇独山村

序号	桥名	建造年代	类型	文物保护等级	地址
18	枫桥	清代	石拱桥	省级重点保护文物	赤壁市车埠镇枫桥村
19	东丰桥	清代	石拱桥	省级重点保护文物	赤壁市官塘镇石泉村
20	万安桥	清代	石梁桥	省级重点保护文物	赤壁市新店镇潘河之上
21	白沙桥(廊桥)	明清	石拱桥	省级重点保护文物	咸安区桂花镇
22	西河桥	明代	石拱桥	省级重点保护文物	咸安区城区淦水河上
23	万寿桥(廊桥)	明清	石拱桥	省级重点保护文物	咸安区桂花镇万寿桥村
24	官埠桥(廊桥)	明代	石拱桥	省级重点保护文物	咸安区官埠桥镇

3.3.2 鄂南古桥的文化价值

文化,既是一个城市赖以生存的命脉,也是一方社会、经济赖以维系的根基①。而区域,则是由自然、政治、经济、文化四种类型所构成。不同区域之间既会相互重合,又会相互交错,进而形成既相互联系、又相互独立的空间特质。其中,文化区域一般由所处地域的文化因素来决定。而其文化的影响力,则往往是沿着由内及外、由深及浅的中心辐射路径,向周边延伸扩散。

鄂南桥乡文化根植于荆楚文化的沃土,同时又深受湘、赣技作文化的影响。其所处的荆楚文化区域,泛指先秦时期荆州楚地所形成的楚国文化区域,主要包括鄂南及鄂北大部分地区,即以今荆州、随州为中心,涵盖长江流域以南,湖南、江西以东,以及郑州南向的广大地区。又因鄂南地处湘赣文化交集区域,故而,又形成不同文化的交融混合特质,特别是皖、赣、徽派建筑技作文化的强势影响。比如:鄂南廊桥两端均可见徽派建筑封火墙的造型元素等。从地理环境来看,这块区域偏属典型的水网地带,江河交错、湖泊密布、依山伴水的区域特点,使水成为这个城市发展的灵魂。

水乡特色的地貌与荆楚文化的影响,无疑也造就了其特有的文化内涵与审美形制特色。生活在鄂南的乡土人,在生活或观念上似乎也离不开水。缘水而居的生活内容,以及交织于水的乡土文化,将水与城市、与人民大众联系在一起。而鄂南的水也以延绵不绝的特殊的形式流淌渗透于子孙后世的

---

① 张永初.吴文化的起源与发展[M].北京:中国对外翻译出版公司,2009:1.

传承文化之中，并也基于此形成了其独特的"理水"文化气质——一种基于"高山、隽水、茂林、苍野"共筑的"乡野"格调，以及由此所绘绘出的鄂南水乡发展"基调"。而桥，则成了鄂南地区城市发展中潜移默化的"纽带"，将这片青山、隽水、小城串联于一体。无论是鄂南民间的桥俗，还是举杯品茗的茶文化等，都似乎与这方秀水有着别样的渊源。因此，可以说没有水，就没有鄂南的文化，更没有鄂南千桥文化的发展。而鄂南古桥文化的发展，更无法脱离鄂南青山秀水的发展。大山不仅带来了丰富的物产，也孕育了山地小城人的淳朴个性。俗话说：靠山吃山，靠水吃水。鄂南人不仅用勤劳的双手让自己丰衣足食，也将建桥为他人提供便利视为自身的功德之举，开山扩土、修路搭桥，为来往的商旅提供平坦通途。据史料考证，在一张一百多年前由俄罗斯人绘制的《大清皇舆图》上，就清晰地标记了"羊楼洞"的地名，这个面积不足 0.7km² 的崇山小镇，曾经汇集了来自俄国、德国、英国等各国精英商贾，这里的茶叶经古道、路桥梁、渡汉水一路北上贯穿蒙古草原，远销中亚及欧洲各国。这就是习近平主席在莫斯科国际关系学院的演讲中所说的那条连通欧亚的"世纪动脉"，一条始于 17 世纪的"万里茶道"之源。而架设于鄂南沃土的茶马古道，正是由一座座连接山川沟壑的桥梁、茶亭、路网所建构的。它们是低技术背景下，鄂南人功德与智慧的结晶，也是鄂南人乐善好施的真实写照。它不仅连接了古道经济的繁荣，也塑造了其独特的桥文化气质与自然遗韵。

在古代，桥梁也俗称为"水梁"，即为水上的路。古人初始建桥往往重视其有形的交通功能，却忽视了其无形的文化价值。然而，历经岁月的洗礼与积淀，无论是因桥而生的传说故事，还是以桥为媒的诗词歌赋，抑或是桥梁自身的碑刻、装饰等构件，以及与周边相映的环境等，每座古桥似乎都铭刻着特殊的"意义"，传颂着一方恒古相传的桥俗文化。而这些古桥文化之所以被世人广为传颂，也正是因为它们积攒着一方历史的年鉴，孕育着地域文化的结晶。与其他建筑形制不同，桥梁古建可谓中国大地上，留存时间最长、涉及地域最广、修复最快的主要建筑类型。其桥身可通行人，桥栏可供休憩观赏，桥亭可留宿路人，一旦遇洪水毁损或一些社会外在因素毁坏，也容易获得公众广泛响应被及时修复。也正因为桥梁的多功用性及广泛涉众性，才使得桥梁的文化更具价值，才会使得子子辈辈将其作为一种歌功颂德的公益大事广为延续。此外，一些地区桥梁文化的发展还与宗教信仰密切相关，文人墨客笔下的桥辞歌赋文化也被世人所传颂,无疑更增加了桥文化的价值。即使是那些被荒落于乡郊野外的古桥,或许它们早已被世人遗忘,但是仍然散发着淳朴浓郁的原乡气息。这些独具特色的原乡文化年代越久远,越值得后世珍惜和研究。如:位于咸宁市咸安区向阳湖畔的"五七"桥,曾经留下冰心、沈从文、臧克家等文化大家在"五七干校"期间的峥嵘印迹(见图3-11、图3-12)。

图3-11 曾经的咸宁市向阳湖的"五七"桥(源自荆楚网)

图3-12 现在的咸宁市向阳湖的"五七"桥(作者自摄)

3.3.3 鄂南古桥的艺术与科技价值

桥，既是一座丰碑，记载着劳动者的艰辛；桥，也是一份智慧，展现着匠作者巧夺天工的技艺。[①] 自古中国桥梁建筑的设计与营造，便凝聚着源自当地人民的智慧与汗水，记录着那一时代科学技术发展的光辉，并展现着不同地域、不同时空的建造者对于不同自然地理环境的适应能力。从简支梁到叠梁、悬臂结构，从折边拱到圆拱、椭圆拱的拱券造型，抑或是桥体、墩台、尖首等，无不渗透着古代匠师在科学理论支撑匮乏的背景下，科技智慧的精妙与技术手段的高超。其中当然也包括鄂南乡野桥建独特的抛石筑基技术和石构榫卯结构等。这些就地取材、因地制宜的桥梁营造技术与手段，以及其对于环境生态"生于土，而终归于土"的生态环保价值及其可持续发展性，较之于生态短视性现代科技材料所构筑的高大型桥梁，显然有过之无不及，也确实值得我们更为深入地予以研究与借鉴。

桥，或许给我们带来的不仅仅是畅行之便，还有审美的知趣[②]。无论是唐代诗人张继笔下夜泊的枫桥，还是宋代词人辛弃疾记忆深处的溪流小桥，抑或是宋代诗人陆游路经驿站外的断桥……桥，所具有的沟通、连接的功用及其犹如彩虹般优美的曲线，成为历朝历代文人墨客竞相为之挥毫泼墨，尽抒情怀的最佳素材与对象。他们用赞美的诗句抒发了他们对于桥梁的感情，用文学艺术的方式衍化、提升了桥梁的内涵，讲诉了一段段与桥梁相关的动人传说，并留下了许多脍炙人口的名言绝句。不仅如此，桥梁也有着象征、隐喻等作用。例如：《天仙配》中"牛郎"和"织女"七夕相会的鹊桥，尽管为虚构之物，却因其象征结合、交流的美好寓意，使得各地大小不同的桥梁也不约而同地幻化成民间情侣相邀的约会地点，缔结了一段又一段情缘。我国著名科学家钱学森先生曾经说过："处理好科学和艺术的关系，中国就能够创新。"同样，中国古代桥梁建筑营造技术令世人惊叹，为世界建筑技术界奉为经典，中国桥梁的艺术与文化博大精深，更值得世人去品味。中国千古经典的桥文化

[①] 康志宝.弘扬桥文化助澜创新潮——中国桥梁文化琐谈,2010 年古桥研究与保护学术研讨会论文集[C].南京:东南大学出版社,2010:207.

[②] 同上。

必然需要后世去弘扬,但更需要挖掘、融合、发展与利用不同地域桥梁科技和艺术的经典价值,再创中国古桥建筑艺术的辉煌。

　　鄂南乡野古桥桥体多以中轴为线,左右呈对称方式布局,在造型上线条表现形式多样且丰富。并由于桥梁建造的年代不同,在建筑风格上也呈现出千差万别的变化。独具鄂南水乡特色的乡野古桥建筑样式,不仅能给人以视觉上的乡野艺术美感,也彰显着中国古桥建筑营造美学博大精深的独特情趣。其桥身、望柱、墩台、桥栏、抱鼓、碑刻,常见以动植物为题材的雕刻或装饰图案,尤以鹤、鹿、莲图案为多。这些至今仍能清晰可辨的雕刻艺术珍品,铭刻着鄂南古桥的历史过往,蕴藏着鄂南古桥深邃的地域文化,形成了一种独特的乡野艺术风格,展现了鄂南地区古桥建筑艺术的成就,具有较高的艺术价值。不仅如此,从文物遗存研究的角度来看,鄂南地区现存的每一座桥梁代表了特定的建筑年代,堪称鄂南地方建筑的"活化石",这些千百年来乡土智慧的凝聚与演化,不仅使我们清晰地了解鄂南古桥发展的历史,也为我们积聚了上百年的科技智慧与经验,并为后世的桥梁建筑创新与研究留下了不可多得的价值与财富。

3.4　鄂南古桥的社会表现

3.4.1　社会公益事业的象征

　　我国传统古建桥梁,除私家园林内的之外,乡镇市井中的无论官建、私建皆为公用。修桥铺路,作为一种可造福一方的功德活动,在鄂南地区自古被当地人所广泛推崇,并潜移默化地形成了一种传统。在鄂南,建造桥梁不仅是造福子孙后代的大事,也是当地商业贸易发展的基础。因此,组织修桥铺路的不仅有当地官员,在当地具有一定名望的乡绅、举人,甚至那些在经济上并不宽裕的当地居民,也都乐于出钱、出力,具有极广的群众基础。依桥记史料记载,鄂南当地古桥的筹建或修建的组织形式主要有以下三种类型。

（一）官修

正所谓"桥梁,王政之一事也。"桥梁建筑作为古代地方官吏从政的重要业绩之一,关系到一方经济的兴旺、一方社会的安定,既是地方官吏广得民心的重要举措,也是彰显地方官吏政绩的重大要事。为此,在鄂南,历任官吏都会将"修桥铺路"定为其彰显政绩的主要目标,由官府直接出资,完成大小桥梁建筑的兴建与修缮,以稳定鄂南乡土的安定团结,带动鄂南经济、文化的繁荣与发展。例如:咸宁市咸安区的西河桥即是如此,明世宗嘉靖二十八年,时任咸宁县令的张时举令人在淦河上"砌石为基,架木其上,为屋十七间",这样便有了西河桥的雏形。到了明熹宗天启甲子年间得以重修,人称"虹桥",是当时鄂南八景之一。但是这种建造方式在明代中后期逐渐发生了变化,由于官府财力有限,加之当地经济下滑,以及亟待修缮或兴建的桥梁数量众多,无法周全顾及等原因,官府不得不转而求助当地民众的力量,遂官倡民修的桥梁修建方式也就逐渐在鄂南地区应运而生了。

（二）官倡民修

这种桥梁兴建或修缮的组织方式,一般主要由当地官府发出修桥或建桥的倡议或公示批文,以提供桥梁修建的合法依据。而桥梁的具体修建组织事务原则上交由民间自理,官府也可参与筹资共建事宜。但在桥梁建造或修缮过程中,仍然主要由民众间自行处理协调,如有其他需求或调整,民众则需要上报当地官衙机构,经官府批准并给予支持后,方能最终完成桥梁的修建工作。从而体现了官府与民众两种力量在公共事物上的合作关系。如:咸宁市通山县的南门桥,古称"通津桥",由元代工部侍郎阮仲发首建,明正德六年(1511 年)水冲,县人朱廷文、朱廷辅、唐玉倡捐复修。崇祯四年(1631 年)又水冲,县人宋承佑募修,清光绪十三年(1887 年)再水冲,城东居民捐资复修为三孔联拱石拱桥,桥体高大,桥头两端各设石阶十余级与路相连,桥长 30m,宽5.5m,高 9.6m(见图 3 - 13)。

图3-13 咸宁市通山县通羊镇清代南门桥(作者自摄)

(三)民修

这种桥梁修建的组织方式,一般属于民间自发性行为。多由鄂南当地较为富裕的大家族独立出资,或由民众集资共筹的方式实现。当然,这类组织方式所修建的桥梁建筑,一般也非鄂南当地管辖属地中的重要桥梁,其日常运营与修缮维护也多为民间自行解决,官方皆无干涉。因此,这类桥梁在竣工清算时,如遇资金不足时,也多由民间自筹垫付;如所筹资金尚有结余,也会将剩余资金用于延伸路段、桥亭的修建,以及桥梁日常的保护。根据鄂南当地桥记,在鄂南民间自筹建桥的资金来源,主要有民间独资与众筹两类。

1. 民间独资修建

民间独资修建,即以民间独立个人或大户家族的名义独立捐资筹建的桥梁兴建或修缮组织方式。因为一座桥梁的修建所需花费的材料、人工、运输等费用往往不菲,没有足够的财力背景,实难成行。不仅如此,独立承担且捐用于社会公益,更是普通民众难以做到的功德之举,难能可贵。然而,在鄂南这却是当地人不论家境贫富都极为热衷或纷纷效仿的善事,也成为当地文化津津乐道的"习俗"。如:师玉丰老人倾其一生积蓄修建"玉丰桥",北山寺主持为便民过河用香火钱建造"北山寺桥",以及放牛娃勤学中举,为报师恩和便利乡邻,出资修建"字纸藏桥"。还有诸如白霓桥、王惠桥、双姑桥、李堡桥等,这些桥梁无不彰显鄂南百姓淳朴、不计功利的善举,也成为鄂南文化构成的"佳话"。

2. 民间众筹修建

由于涉及公共基础设施的安全与质量问题,民间众筹建造公共基础设施的政策,近些年我国中央政府才有所放开,并积极鼓励与倡导民间资本参与建设。但民间众筹资金建桥、修路,在鄂南地区却早已有之,且已蔚然成风。这种修建的组织方式,多由当地有一定号召力或具有一定经济实力的知名人士,如:村长、富绅、贤士等主动出面号召,以地方民众募捐、集资的方式筹集建桥或修缮的资金。这种资金筹集方式,份额分摊灵活,自主性较大,且捐资形式多样,如:家里有钱的可以捐钱,没钱的可以捐力,捐米、捐物等均可,因而,民间众筹建桥的方式在鄂南地区极为常见。依咸宁市高桥桥头的功德碑所载,清同治初年,高桥镇的朱家畈、陈家畈等7姓10余个门庄,在桥东的义门处倡议发起造桥事宜,并成立宏济堂公所,设一万年茶社,用以接纳募捐。其间,先有郭公昆用田捐方式捐施3年,后有朱公宝募捐3年的田间收成,更有大冶、江西、汉口等省内外商人亦为造桥募施捐款,采石造桥。位于淦河上的马桥,则是由肖桥村李良才、自然村李同诚、柏墩人何百川牵头,王德元、德裕祥、马桥街、肖桥、麻塘、大幕等地村民或商号纷纷捐资筹建的。此外,据相关史料、功德碑记,万寿桥、汪家桥等均采取此方式筹资修建。

3.4.2 宗教风水学的影响

风水,也被称为堪舆术,是上古先民对自然界发展规律的总结以及对生活实践的体悟总结所得。相传其是在唐宋时期被发展,而形成一门集我国地域环境、气候、地理、生态等综合智慧于一体,又兼具迷信色彩的综合学问。因此,我国古代先民极其注重建筑物的堪舆方位,其常被广泛应用于古代民间建筑选址、规划、设计中。桥梁,常依山而建,临水而筑,其选址、造型、材料等,涉及交通便捷、基础安全、水流冲击等多重问题,必然与风水堪舆有着密切的联系。那些散落于山野的鄂南古桥也是如此。

鄂南,地处荆楚丘陵之地,山清水秀,民风淳朴。远古楚地巫术盛行,人心向古,故而大到村落选址,小到房屋住宅地,均不可避免地注重其选址的方位与风水。鉴于桥梁对于鄂南地区社会、经济、交通的重要性,鄂南地区的古桥在建造初期,除了借助风水勘测桥梁建造的地理位置、地势地质、水流水向等基本因素外,还会请来风水先生,以占卜建桥时间、桥型桥势等涉及风水运势的因素。有的甚至要请风水先生开坛做法,以求桥梁平安,造福一方乡民。尽管,这一风水堪舆之术,今日看来,具有迷信思想的成分,却是鄂南古代桥文化遗存中不可或缺的部分。

在许多情况下,风水的善与环境自然的美是相统一的。当天然的山形水势出现矛盾冲突时,传统风水理论往往会通过造景、添景等方式,改变不利因素,实现环境风貌间的协调发展。桥梁的建造也是如此。除了利用风水堪舆之术,为桥梁择其因宜之所外,鄂南先民还常用带有吉祥寓意、福佑平安、符镇河妖的装饰图案或符号,在桥梁、桥身或装饰构件上予以修饰,以图吉祥、平安与祥和。依据中国传统风水堪舆学的说法,水流会影响气场,因而,自古便有"气之阳者,从风而行,气之阴者,从水而行。"之说,并力图"顺阴灭阴阳之气以尊民居"。尤其对城市中河流的出入口最为重视。在古人看来,水来之处,即为天门,宜为宽大,而水去之处,则为地户,需收紧闭合,有遮挡物。这一方面,是因为古人笃信水乃财源,水口相合,自然生财,带来好运;另一方面,是为了封锁、围聚气韵,以防财运随水势逐流。因此,古人建桥常见于河流的出入口处,以期形成独特的水口环境。并通过一些与桥梁建筑、造型相辅相成的风水造型元素,以招徕各方气运,获取各类好运(见图3-14)。如:坐落于咸安区双溪镇港下陈庄的六眼桥,位于双溪河上游的河口处。

图3-14　咸宁地区古桥梁建筑宗教风水学示意图(作者自绘)

较之鄂南辖区内其他石桥,该桥桥面由条状青石板铺成,宽不过两尺,长约四丈,桥面整体平坦,构架形似"7"字,以拐角处为界,部分桥面与河道近乎平行,部分则垂直于河道。河水自上游而来,流经桥眼,于河中央可见一块大而圆长的页岩横卧,如"龙头",有"鼻"有"眼"。在其不远处还置有一块被当地人称"河蚌"的岩石。河水被这貌似"龙头""河蚌"的大块岩石从中断成两股,宛若两条深碧色的飘带,环绕一周后,汇合至双溪河深处,遂缓缓流去。至于为何桥身结构如此奇特,据当地村民释解,"7"字形桥身与河岸相连,如同"兜风水",能佑及村里的风水不会外流。而那些充满传奇色彩的河蚌、龙头、乌龟状岩石,也是他们津津乐道的"风水"祥瑞之物,滋养着这里一代又一代村民。

作为一项具有公共性与公益性的土木工程,桥梁的修建不仅与公众的利益休戚相关,也与当时当地民众的信仰愿景、宗教风俗紧密相连。在鄂南,桥梁建造前,多会邀请当地备受尊崇的长者主持天地祭拜仪式,敬献祭品;桥梁建造者也要施念诸如保行人出入平安、保桥体万年千古的吉祥咒语。即使桥梁落成,也会请僧人念经施道,邀戏班鼓乐齐响,木鱼不断,爆竹声声,彻夜通明,以此来祭拜桥神,或是在桥头专设"桥神庙"、神龛以报跨河桥稳人安,如万寿桥、白沙桥(见图3-15、图3-16)。此外,鄂南民间也有在宗教建筑前建造桥梁的习惯,白塔寺前的高桥、静宝寺前的净堡桥、北山寺前的廊桥均可见这类建筑形制。

图3-15　咸安区明代万寿桥供奉神灵的神龛(作者自摄)

图3-16 咸安区明代白沙桥供奉神灵的神龛(作者自摄)

桥梁与宗教建筑的关系不仅仅只停留在建筑群体空间上,更会提升文化观念,让祭拜者能够以更虔诚的心走向神圣的境地,因此,桥梁在圣地与俗界有着中介的象征意义。例如:位于咸宁市嘉鱼县静宝寺前元代元统年间(1333—1334年)的净堡桥,作为省级重点文物保护单位,据传由"赖狗祖师"张绍忠募化所建。全长64m、宽6m、高7m,其桥孔部分高7.4m,孔跨8m,桥拱发券为镶边纵联砌置法。为西北—东南走向,桥拱上方桥面各砌有三级台阶,桥拱至西湾桥头间另砌有二级台阶,桥拱上方西南面刻有"净堡桥";东北面刻有"万古千秋";拱内正上方顶端石板刻有八卦图案,两边分别刻有"光绪三十三年岁次丁末吉立"望柱"四月七日上梁正遇紫微星"等阴刻图文。此外,鄂南地区有些桥梁也会在一些桥梁建筑装饰构件上,雕刻或装饰一些诸如观音、坐佛、莲花等宗教元素,颇具宗教色彩。如:通山县的南门桥桥墩顶部的石雕佛像等(见图3-17)。

莲花望柱、狮子柱首等有着吉祥、平安的寓意,鄂南地区古桥建筑中也较为多见。这些出淤泥而不染的莲花雕柱、镇邪守桥的石狮等不仅具有装饰点缀的作用,更有对美好愿景的寄托。例如:狮子望柱的摆放颇有讲究,必须遵循男左女右的习俗,呈对称性有规律的摆放,且安放时还会请"风水先生"予以开光,以求平安如意。坐落于咸安区桂花镇柏墩村山下的清代三仙桥,宽4m,长26m,为三孔四墩梁桥结构,石砌桥台。其桥台两端各有一横帽石梁,雕饰螭吻和鱼首。桥体石栏外侧刻有"缠枝莲荷化生童子"（备注：此图案为莲荷盘枝演化为童子的传统中国纹案、寓意莲生贵子）的图案，极为典雅华美，寓意莲生贵子。其石栏杆由莲花望柱和透空栏板组成，饰以荷叶净瓶和拐杖。

图 3 - 17　通山县通羊镇清代南门桥桥墩顶部佛像（作者自摄）

此外，鄂南的古桥不仅与宗教信仰相关，有的与宗教教义也存在着些许联系。我国传统宗教既是封建统治阶级巩固其权力的一种方式，也是封建时代先民们为积阴德、广布施、扬善果的结果，这些都与封建宗教迷信有着密切的联系。在鄂南，许多桥梁的桥面上会铺有莲花（见图 3 - 18）、宝瓶等图案，这是当地佛家教义的表达。

图 3 - 18　鄂南古桥桥面常见莲花图案（作者自摄）

3.4.3　古代商业经济的枢纽

作为荆楚知名的鱼米苎茶之乡,鄂南不仅有着丰足的物产,商业往来也是自古繁荣不衰。这繁荣富足的根源,恰恰就在于鄂南自身得天独厚的自然环境及其繁荣兴盛的桥梁建设热情。鄂南地区自古水网密布、山脉纵横,其人类文明也因水而兴。物产的富足,生活需求的发展,也必然带动商品贸易活动的发展。在桥梁营造技术尚不发达的初期,崇山峡谷阻断了鄂南对外交通的联系,水运成了对外交通联系的主要方式,也由此产生的码头和港口,承担着鄂南商品交易的主要活动。然而,这类商业活动受气候影响较大,且场所相对不固定,往往会产生诸多隐患。也正因为如此,人们逐渐将这种商业贸易活动的地点转移到场所相对固定、易于识别,且受天气等外界因素影响相对较小的桥梁周围。鄂南的桥市,也由此兴盛起来。伴随着鄂南当地生产力的不断提高,以及商业贸易往来的日益昌盛,鄂南地区桥梁数量、功能需求等开始逐渐增多,规模也不断增大。过河桥、栈道桥、连山桥……桥梁,也成了这个城市商业发展的重要组成部分,并在后期城市的发展过程中,进一步使得当地人对桥的依赖越来越强烈,桥梁也越来越多。可以毫不夸张地说,鄂南城市的特色在于先有了桥,然后才有了这座城。其桥梁建造水平与规模在城市的需求中得以重视,并在不断提升中实现了自我的价值。桥梁,也就必然地成为这个地区古代商业经济的枢纽。

作为古代商业经济的载体,鄂南古桥自身不仅兼具一定的贸易功能,还能直接或间接地与城市、商贸经济形态融为一体。由于鄂南地区水系发达、山川纵横交错,交通必然受到阻碍,而桥也理所当然成了各地区间连接的纽带。这种特有的交通连接功能,必然吸引了大量的流动人口,使得鄂南的人口得以繁盛、经济得以发展,贸易的往来也更加频繁。因为桥的存在及其经济、人口的带动作用,进一步加速了其所处区域的城市规模、形态、布局的形成与发展。因此,在城市桥梁的选址、建造和设计时,也逐渐有所改变。如为了更有利于桥市与船贸的互不干扰,最大限度地发挥桥梁建筑的商贸功能,并使其更加人性化,常将桥梁选址于人流密集处,选用桥梁跨度较小、高度较矮的造型。此外,为促进商贸的繁荣发展,更便于人流的通行与商贸交易买卖,桥梁设计时还会考虑将河道码头与船只停靠点相互连接,以形成"桥—船—市"一体的景致。

位于咸宁市崇阳县四大古镇之首的白霓镇，始建于宋代，初为散布村落，人烟稠密，但无商家，更无市集，一般商贸买卖多前往附近大市，后因远陂堰的落成，以及白霓桥和余耕桥、巷桥的先后建成，使得陆路得以贯通，市镇、商贸也从此得以兴旺。桥梁的先后建成与周边道路、河网以及建筑逐渐形成了一种"两河、两街、三桥、七巷"的特色景致，即一种以河道为骨，与周边街区及建筑契合，形成因水成路、临水成街、织水成市的"房—街—房""房—河—街"以及"街—房—河"的特色乡镇空间序列。而这种由水、巷、街、桥相互构成的古镇空间布局形态，与小镇居民的各种生活场景交织于一体，完美地构筑了一种"两水夹明镜，双桥落彩霞"的水乡格局景象①（见图3－19～图－23）。

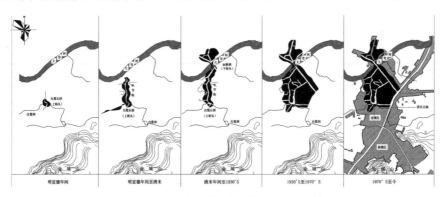

图3－19　白霓古镇形态演变图（张颖绘）

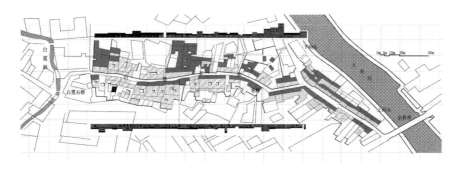

图3－20　白霓古镇"两河·两街·三桥·七巷"的空间结构图（张颖绘）

① "空间尺度"：传统街道空间尺度和比例可以用街道的宽度（D）和围合界面的高度（H）的比值来描述，芦原义信曾指出："当D/H＞1时，随比值的增大会产生远离之感；当D/H＜1时，随比值的减小会产生接近之感；当D/H＝1时，高度和宽度之间产生一种均匀之感"。

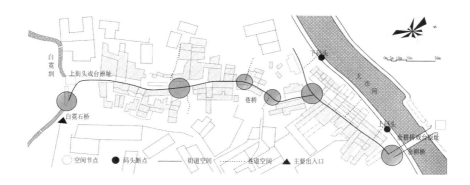

图 3 – 21　白霓古镇"两河·两街·三桥·七巷"的空间节点图（张颖绘）

图 3 – 22　白霓古镇垂河段空间序列（张颖绘）

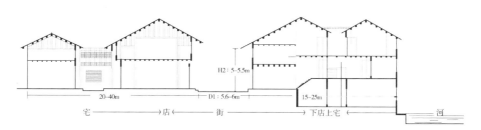

图 3 – 23　白霓古镇沿河段空间序列（张颖绘）

3.4.4　水乡古镇的依托

　　古桥,不仅是城乡古镇商业贸易的枢纽,更是古镇中一道亮丽的风景线,在为水乡古镇增添色彩的同时,还具有画龙点睛的神韵。例如:位于鄂南咸安区白泉河畔的刘家桥村,始建于明代崇祯三年（1631 年）,是一个以刘姓族群为主,历代聚居而生,历经风雨四个世纪,宗族繁衍 18 代的古老村落。尚存 4 处古民居建筑,共计有大小房舍 740 间,天井 54 个,总面积达 35000m^2。河道东岸老屋依山而建,自下而上成阶台布局,西岸则依山伴水而建,采取明清南方宅院布局模式。西岸房舍房房相连,厢房相接,且皆为两层,堂屋高大,巨梁横跨,雕梁画栋。这里楼道深巷迂回曲折,宅进深邃,廊道相通,真可谓"行至幽厢疑抵壁,推门又见一重庭"。在历史上,以农耕为主的刘家桥村过着自给自足的田园生活,这里民风淳朴,风景独特,村子里至今还保留着许多古时农作的工具及雕刻精绝的牌匾。不仅如此,这里也是鄂南地区远近闻名的书香门第,有着"墨庄世第"之称。因此,沿岸宅邸门庭严谨,高墙耸立,屋外青瓦盖顶,屋宇绵亘,石门、石窗、石板路、灰墙黛瓦,鳞次栉比,蔚为壮观。

刘家桥村,因其村口廊桥而得名,初有廊桥和独木桥各 1 座,并与石板路周边民居及学校连为一体。早期,刘家桥是始于 17 世纪的欧亚万里茶道江西、湖南商贸客旅往来咸宁和汉口的必经之路,故刘家桥热闹非凡。刘家桥,与村同岁,独孔拱形结构,历累石而筑。桥设廊亭,亭内梁柱雕饰有龙凤八卦图案,加以青瓦盖顶。桥身两侧建有方孔青砖花格栏护墙,高约 2m,内置长凳。据当地长者回忆,昔日刘家桥东头设有木制茶桶和炉灶,村民一年四季轮番烧水煮菜,免费供人饮用。而廊桥两岸沿河的店铺则可供吃、住和购物。正如廊桥上的楹联所述:"水秀山青古道萦纡墨第,峰回路转小桥飞跨刘家"。从远处眺望刘家廊桥,古朴典雅,清悠悠的一脉白泉反照,碧葱葱的几株古柳拂映,诗情画意之美,道之不尽。

刘家桥优美的自然风光与浓郁的地域人文风情交相呼应、融为一体,彰显了鄂南地区丰厚的人文景观特色,也先后吸引了《汉正街人》《汀泗桥之战》《守望家园》等影视剧组来此选景拍摄,并由此成为省内外知名的旅游景点,大量游客慕名而来。21 世纪之初,在鄂南当地政府及有关部门的重点关注与支持下,2007 年 11 月刘家桥与古民居连为一体,作为茶麻古道鄂南的驿站,被省政府列为省重点文物保护单位,相关保护与开发工作正有条不紊地进行,它也成为刘家桥风景区的灵魂和咸安区的名片,是鄂南的重要旅游景点之一。随着对刘家桥的保护与开发,刘家桥将形成了一个四面青山环绕、清泉潺流、古屋成群、古桥飞架、古木参天的世外桃源,更能渗透出水乡风景秀丽的淳朴韵味(见图 3 - 24 ～图 3 - 33)。

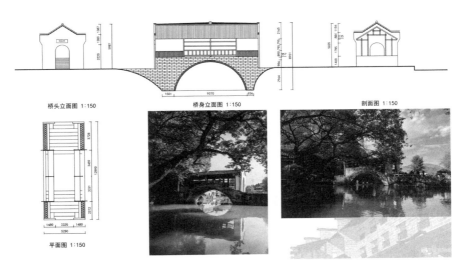

图3-24 咸安区明代崇祯三年的刘家桥(作者自摄)

图3-25 咸安区明代崇祯三年的刘家桥立面图(王怡清绘)

图 3 – 26　咸安区明崇祯的刘家桥全景（作者自摄）

图 3 – 27　咸安区刘家桥古村落平面图（王亚楠绘）

图 3 – 28　咸安区刘家桥及周边村落图（作者自摄）

图 3-29 咸安区刘家桥周边村落集群图(作者自摄)

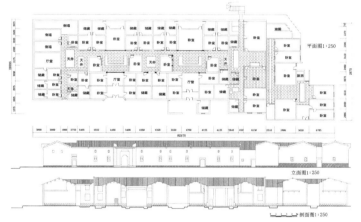

图 3-30 咸安区刘家桥周边古民居建筑立面图(王怡清绘)

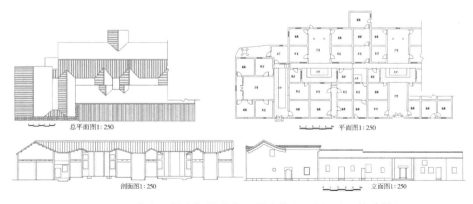

图 3-31 咸安区刘家桥周边古民居建筑立面图二(王怡清绘)

图 3 – 32　咸安区刘家桥周边部分古民居建筑实景（作者自摄）

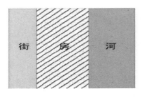

图 3 – 33　鄂南地区现存古桥的沿河空间结构分析（王亚楠绘）

　　咸安区的高桥镇，也曾经是鄂南东部山区知名的物资集散地。这里曾经有河却缺少过河的桥，水运交通的物资堵塞了山区交流的通道，造桥也就成了鄂南山区人民最大的梦想。清同治初年，高桥镇朱家畈、陈家畈等 7 姓 10 余个门庄发起造桥募捐，大冶、汉口、江西等省内外商家也纷纷募施捐款。正如该桥桥记所载，同治八年（1869 年）桥体落成，"虹跨于双溪之间，为武郡阖属之通衢，亦楚南吴西之孔道也，长途酷暑过客谁憐气敬闻"。顿时街市繁荣，店铺生意兴隆。高桥的右侧，是一排排沿"一"字形排开的二层木板房，是当地转运土纸至汉口的货栈，虽历经百年，如今却旧貌依存。桥西，则是一条呈"八"字形的青石板街，长 300 多米，由左右两侧四条巷道小街构成。其中，前街在桥西右侧临河，而左边则为"七"字形小街。这里曾经店铺林立，商贾云集，街市繁荣。钱庄、磨坊、客栈、铁铺等一应俱全，据说仅酒馆、饭铺就多达 30 余家。在高桥西侧下游的老街处，还有一片可搭台唱戏的场地。场地边建有一座福神庙，一栋高达 10m 的风水塔，顶天立地，如河神般佑福天下苍生，守护一方平安（见图 3 – 34 ～图 3 – 36）。

图 3 - 34 咸安区清同治八年高桥实景图(作者自摄)

图3-35　咸安区清同治八年高桥周边古街实景(作者自摄)

图3-36　鄂南地区现存古桥周边建筑空间尺度图(王亚楠绘)

3.4.5　名人轶事的代表

　　鄂南桥多,关于桥的故事也多,受荆楚文化的影响,它们或记人、或叙事、或状物、或写意,每座桥都有着特殊的含意。现如今,在鄂南尽管很多的古桥被世人所遗忘,但是它们建造与发展的背后却有着动听和传奇的故事。

　　提到鄂南的古桥,最有名的莫过于地处咸安区南端,横跨汀泗河的汀泗桥了。据考证,汀泗桥修建于南宋淳佑年间(1246年),距今七百多年,是湖北境内年代最久远的现存古石桥之一。由当地乡民丁四捐资建造保存至今。相传,汀泗诃河面之上曾缺少过河桥,乡民多蹚水过河。家住汀泗河畔的乡民丁四,以替人编草鞋为生,因屡见老者、孩童无法过河,曾多次主动背他们过河。可每逢汛期,河道涨水,镇内南北交通极为不便,常遇勉强涉水而溺亡者,只得望河兴叹。为此,丁四便省吃俭用,囊其毕生积蓄,倾其所有,为民建桥。历经五十载,此桥最终得以建成。为纪念他的功德与无私,后人初以其名命名该桥。后遇好事者,为攀风附雅,另加了水旁,故名为"汀泗桥",沿用至今。然而,真正令汀泗桥名声大噪的却是北伐——汀泗桥之战。1926年8月,北伐军的叶挺独立团在当地乡民和友军协助下,一举攻克汀泗桥,大败吴佩孚的主力部队,也使汀泗桥得以名扬天下。

位于高桥镇石溪村附近的字纸藏桥,建于光绪七年(1881年),相传村中一放牛娃,家境贫困,无钱读书,但他聪明好学,常躲在学堂窗外偷学,然后以树枝当笔以地当纸勤加练习。家里买不起纸笔,便在学堂墙外捡被人扔掉的秃笔、破砚、残墨、废纸当作宝贝。为避免被主人责备,他将搜集到的废纸等偷偷地藏于溪边的石缝中,等放牛时取出,去学堂窗外边学边练。一日,先生考问其弟子,弟子支支吾吾半天无从作答,而窗外的放牛娃竟忍不住出声答对,先生十分惊讶。此后,教书先生对他特别关照,不仅在学业上对其多加指点,还经常帮他收集废纸,并推举他进考。若干年后,放牛娃不负师望——中举了。为了报答恩师和便利乡邻,便出资修建了此桥。乡邻们既为了彰显他的善举和精神,也为了激励子孙要勤奋、节俭、好学,就取名"字纸藏桥"。据说,此后周围四邻八乡就有了一条不成文的规定,学习用纸都不得擅自销毁,只能送到字纸藏桥边指定的地方存起来,以助贫苦的求学之人。而这个村庄也成了鄂南远近闻名的"举人"庄。

掠过历史的烟云,穿越时空的间隙,在鄂南,如同丁四老人这样不计个人贫富、倾其所有为民建桥的人不计其数,我们耳熟能详的还有师玉丰老人倾其一生积蓄修建"玉丰桥",北山寺主持为便民过河,用香火钱建造"北山寺桥",以及诸如白霓桥、王惠桥、双姑桥等不甚枚举的鄂南当地名人轶事;还有"赖狗祖师"张绍忠与净堡桥、二甲进士李对耀与李堡桥、吕洞宾与仙人桥、周季成与鹿过桥、钱六姐与女儿桥、何柏川与水口桥等传说也与桥有着密切联系(见图3-37);此外,也有如:"字纸藏桥"放牛娃勤学中举报恩、"贺胜桥"王晔带领村民奋起保卫家园,以及"鹿过桥"神鹿勇堵桥眼以祭桥等广为流传的民间佳话。可见,鄂南古桥在使用功能与艺术特色之外具有历史文化价值。

图3-37 鄂南现存古桥与名人关系图(作者自绘)

与这些相关或发生于鄂南的古桥文化故事不同,鄂南人爱桥,从其桥名中可窥一斑。在鄂南的桥梁家谱中,有盼望亲人早日团聚的"归来桥",有祝愿老人身体健康的"万寿桥",有记载地形地貌的"双溪桥""白沙桥",有感恩大自然的恩赐的"桂花桥""春茶桥"……综观鄂南桥名的构成,大致可以分为以下几类(详见表3-5):

表3-5　鄂南古桥命名方式归类表(作者自绘)

序号	古桥命名方式	代表性古桥
1	以人为名	汀泗桥、白霓桥、王惠桥等
2	以宗族姓氏或村落为名	刘家桥、余家桥、李家桥等
3	以河流溪壑等地貌为名	西河桥、双溪桥、白沙桥等
4	以历史事件为名	贺胜桥、马桥、军民桥等
5	以神话、传说为名	鹿过桥、仙人桥、三仙桥等
6	以本地资源特产为名	翠竹桥、丹桂桥、贺茶桥等
7	以劝诫扬善崇德为名	万寿桥、十孝桥、十好桥等
8	以寄托生活愿景为名	归来桥、望月桥、福禄桥等
9	以桥形桥貌为名	单孔桥、石壁桥、铁路桥等

可以说,每一座古桥都有一段美丽的传说,每一座古桥都有其厚重的历史。然而,对于那些往来于往昔"茶马古道"的他乡异客而言,鄂南古桥迎来送往所留下的更多是鄂南人民的那一份"乐善好施"的唇齿余香。无论是在汀泗桥的廊亭之上,还是高桥桥头的"宏济堂万年茶社"中,抑或福禄桥畔茶亭间……村民轮流烧茶送水、免费赠茶饮,收留、资助无家可归的难民或流浪者的感人场景却时时刻刻、真实地发生在鄂南这块淳朴的大地上,据《咸宁县交通志》考证,在古代,鄂南的施茶者甚多,共设有"九路六十二茶亭",均与古桥密切相关。鄂南古桥,这个"茶马古道"的空间节点上,鄂南人民"施茶行善事"的品行,以及那种不计得失与乐善好施文化特性,已成为这个城市文化精神的永恒象征,深深镌刻于鄂南古桥悠久延绵的历史中。

3.4.6　社会习俗的命脉

中国传统水乡的民俗总是与当地古桥有着特别的关系。"今夜可怜春,河桥多丽人。宝马金为络,香车玉作轮。连手窥潘掾,分头看洛神。重城自不掩,出向小平津。"——唐代诗人陈嘉言在其《上元夜效小庾体》的诗句中对此早有论及。而鄂南地区民间走桥、圆桥、敬桥之风,更是由来已久。

每逢元宵前后,"走桥"就是鄂南地区年俗活动中必要的社会民俗项目之一。民间更是盛行"桥走四方,福寿安康"的说法,当地人常在正月十五的夜晚,手持彩色的纸扎花灯,结伴而行,途径四座及以上不同方位的古桥,寓意福佑四方,全家幸福安康。家中如若有病重卧床者,其家人往往会携带一药罐,在走桥途中将其扔弃于桥畔,砸其粉碎,以消除家人全年的病痛,佑家人早日康复。这也是鄂南民间的"游四方,走百病"之说。

民间"走桥"习俗,也是鄂南人对于生命延续的一种向往,以福佑子孙世代香火不断,家族兴旺昌盛不衰。因此,"迎娶""祈嗣""庆寿"也成了鄂南地区民间桥俗活动中最为普遍的文化现象。在鄂南当地的婚俗中,轿"走三桥"是当地沿袭百年的民俗习惯。即男方在迎娶新娘当

图3-38　鄂南地区"走三桥"习俗(作者自摄)

天,花轿出门不得直奔女方家门,必须抬过三桥,炮响四方(见图3-38),为的是祈求平安吉祥,喜报八方乡邻。即使需乘船迎娶相隔较远的媳妇,也必须穿过三座桥,才能正式进入男方家门。据悉在鄂南地区古往今来的爱情故事中,山川河流往往会成为男女相遇的阻碍,因而,桥则成了他们两情相通的象征,而一波三折的爱情才是真正经历过考验的坚贞爱情,才能更长久、更幸福,这就是鄂南民间迎娶轿"走三桥"习俗盛行的原因所在。不仅如此,在当地,但凡年过花甲的老人,生日当天正餐宴后也都会选择走过或经过三座桥,寓意"平安""吉祥""万寿"三桥,以庆身体安康、延年益寿。此外,走桥也是鄂南民间祈嗣的一种方式。鄂南民间素有"六月十八,孩儿桥上,祈娃娃"的说法。每逢农历六月十八,便是鄂南当地荷花盛开莲子成熟时,许多当地的善男信女纷纷走上桥头,于荷塘桥上摘莲子、赏荷花、备斋饭,祈求来年多子

多福,香火旺盛。据传建于唐代武德年间(618—626 年)的咸宁市南市桥,更是鄂南地区远近闻名的"孩儿桥",其桥柱石栏上镂空雕刻着许多活泼可爱的孩童图案,多是当地居民家中喜获添丁前来还愿,铭刻记录所为。

鄂南地区建桥历史悠久,当地工匠在长期的劳作中,也逐渐形成了一系列敬桥和圆桥的习俗。如:择吉日,置喜梁,祭河神,上梁彩,踏新桥,圆桥礼等。依鄂南当地桥记所载,桥梁捐资筹建人或主事人一般会在确定约请经验丰富的造桥工匠前,先聘请当地有名的"风水先生"测定桥台的坐向及方位,再择黄道吉日,交予造桥工匠以确定最终开工时间,即择吉日,确保桥梁建造风调雨顺,万事吉安。之后需要置办喜梁(即桥内正中的屋脊顶端的梁木),伐木也要挑选吉利的日子,选择村寨中的"好命仔",备好茶酒香烛,祭拜山神后方可砍伐。为讨吉利,喜梁倒下时必须是顺上山的方向徐徐放倒,而非下山方向,木匠伐木开斧时还需念念有词:"左斧千年发,村兴世昌隆,右斧世代兴,财丁两兴旺"等;在获得喜梁后,还需挂上红布,由四人抬梁,寓意东、西、南、北走四方,沿路鸣炮抬回,并取其中段制作喜梁,剩余首尾两节另作桥中神龛的立柱之用。动工造桥时,也要请道士做法,诵读写明"×地因溪河阻挡不便,行人商贾行路困难,故×村×主事人定于×年×月×日在×地建桥一座,请×神及鲁班仙师祈保建桥顺利,匠人师傅平安"等,并备茶酒、菜肴、果点,以及猪、鸡、羊等三牲祭品以祭河神。此后,还有由主墨的木匠主持的祭梁喝彩仪式,俗称上梁彩,以及新桥落成后,邀请当地较有名望的长者题名踏新桥,桥梁筹建人及村民宴请造桥工匠,以庆贺大功告成的圆桥福礼的庆典活动等,无一不映射着鄂南的桥梁建筑与当地社会、居民生活、乡土习俗之间休戚相关的密切联系。

在鄂南当地的"桥俗"中,也有彰显功绩善举的表现形式。古时,但凡鄂南谁家喜中状元都会在当地建造一座新的桥梁,以表示对乡土大地养育的感恩,这既是一种善举,又具有广泛的人文传播价值。如今,当地孩子每逢临近重大考试,家长们也总会带着自家孩子行走于鄂南状元桥间,如:字纸藏桥等,一方面是沾沾中举的好运,另一方面也寄托了家人对孩子的美好祝愿。因此,鄂南古桥不仅是鄂南当地人休闲娱乐的好去处,也是当地民俗民风的见证之地。人们不仅为之吟诗作对,也谱写桥记、故事,铭记这一习俗与文化(见图3－39)。

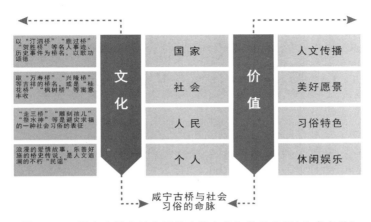

图 3 – 39　鄂南古桥在社会习俗中的文化与价值分析(作者自绘)

3.5　小结

　　本章对鄂南地区古桥的概况做了较为详细的阐释。主要从鄂南地区所处地理环境、自然条件及其与水的渊源入手,对鄂南地区相关城市的背景做了梳理性的论述;并通过对鄂南地区现存古桥的历史、文化、艺术和科技等人文方面的价值分析及其在社会公益事业、宗教风水学、古代商业经济及社会习俗等方面所承担与呈现的价值作用阐释,分析了解这些乡野古桥存在的价值及其相关社会基础。借此,为后续鄂南地区乡野古桥的人文艺术特征及其营造技艺特点研究,奠定坚实的社会、文化与遗存价值基础。

4 鄂南古桥建筑艺术特色分析

鄂南地区古桥现存数量之多、保持之完好、个性之鲜明、文化底蕴之深厚,冠绝荆楚,相对来说,在国内也不多见。鄂南地区的古桥梁建筑群落,根植于楚地山水神韵,脱胎于湘、浙、赣多元技艺文化的传承,最终形成了鄂南乡土文化的主干。因此,无论是其传统桥梁建筑的营造工艺,还是其设计建造的实用性,抑或是其内蕴的文化涵养,都具有较高的历史遗存价值和学术研究价值。

4.1 鄂南古桥的营造技艺特点

4.1.1 鄂南古桥的建造技术特点

鄂南地区现存的数百座古桥有一个共同的特征,那就是桥梁的孔数以奇数最为多见,且以单孔桥梁居多。此外,还有三孔桥、五孔桥、七孔桥等。从视觉均衡的角度来说,如若桥梁造型根据河道的宽度采取对称的方式架设双孔桥,显然更为得体。可鄂南当地古桥建筑有的却刻意在两孔之间的墩台增设一假孔,使其孔数变成单数。至于用意为何? 尚不得解。

鄂南地区古桥梁建筑营造技艺集中反映了我国长江中下游地区砖石拱券技术(见图4-1),最主要的是浙赣地区的砖石砌体和拱券砌筑技术。祁英涛先生曾指出,中国古代桥梁建筑的分节并列式拱券砌法和纵连式拱券砌法几乎是同时出现的。但在鄂南地区,明代桥梁建筑中采取分节并列式砌筑的案例较多,到了清代,分节并列式砌法逐渐淡出,纵连式砌法则较为常见。地属山川丘陵地貌的鄂南,盛产凝灰岩、青石页岩、石灰岩、花岗岩等建筑石材。因此,鄂南古桥的建造多就地取材,如:采用硬度较低的石灰岩、凝灰岩来砌桥墩和拱券,用硬度较好的青石岩板镶嵌桥面梁板,此外,也有的用花岗石砌筑桥身,如:桂花镇的泉山桥。

分节并列式拱券

纵连式拱券

图4-1 传统古桥梁建筑的砖石拱券技术示意图(作者自绘)

鄂南当地的石桥在构造工艺也十分讲究。如:桥台,为节省石料,其外侧常采用方整的块石围合砌筑,而其墩台内部填充石渣,以增加桥体的稳固性;桥墩的设计则更为复杂,常依据水流流速和流向,设计成方形或舟形。其中,舟形尖墩又可分为两端有分水尖的双尖墩和前尖后方的尖墩两种类型。不仅如此,有的墩身上部还设有伸臂结构,以增加桥体的跨度。相关舟形尖墩的记载早见于《新唐书·李昭德传》中:"洛水岁淙啮之……昭德始累石代柱,锐其前,厮杀暴涛,水不能怒……"而伸臂结构,则源于我国中原梁桥木构技艺的衍化。这些技术的应用,也从一个侧面反映了鄂南地区古桥营造技术对于我国传统建筑技艺的传承(见图4-2~图4-5)。

图4-2 咸安区官埠桥镇明代官埠桥老桥(作者自摄)

图 4 - 3　通城县五里镇清代磨桥(作者自摄)

图 4 - 4　通城县麦市镇清代福寿桥(作者自摄)　图 4 - 5　通城县马港镇清代杨家桥(作者自摄)

　　鄂南地区传统木构桥梁建筑遗存不多,且多为石墩台廊桥形态。据考证,其木构架方式均沿袭于传统浙赣穿斗木构技术体系,以四柱三间的排架结构构筑。作为鄂南地区现今保存最为完整的木质廊桥,咸安区桂花镇高升村的北山寺廊桥,由当地北山寺僧人化缘所建。该桥为南北跨向的三孔四墩廊桥,全长 34m,宽 4.5m。桥顶为双坡顶造型,青瓦盖顶,以形成廊亭;其墩台为三角形青石垒砌,桥面则由 7 根大树和 10 根大木架为主体构成,全长 27m,距离水面 6.5m,主跨底部则另增 2 根大树,中部主跨径为 13m;桥身南北两侧各有高 2.5m、厚约 3cm 的木板封闭桥面,以挡风雨;桥体中央人行道宽约 2m,行道两侧各设置一排座栏,以供人休憩、坐聊;桥的南北两端分设封火墙体,中开半圆形门洞,以便路人过往,并防止木构桥身遭受火侵。该桥整桥采用我国传统的全木穿枋斗榫技术,不曾使用一钉一铆,是我国长江中游地区清代木结构桥梁建筑的典型代表。此外,在咸安区的刘家桥、通山县白沙河上的山下董桥、通山县楠林桥镇的湄源桥等石木结构的廊桥中,也均可见这种木构做法(见图4-6~图4-9)。

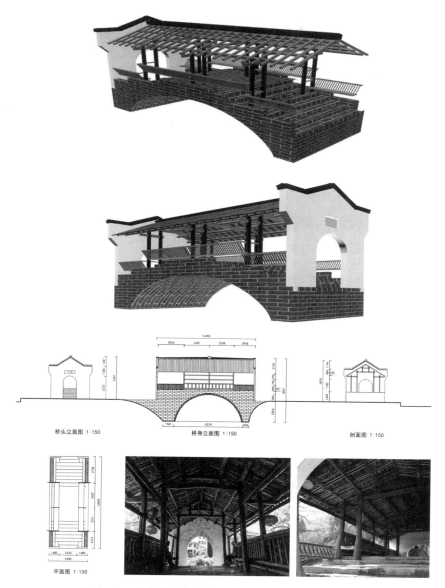

图4-6　咸安区刘家桥砖石木构技术示意图(肖雪绘)

图4-7　通山县山下董廊桥木作结构(作者自摄)　图4-8　咸安区官埠桥穿斗木构(作者自摄)

图4-9　通山县清代湄源桥穿斗木构(作者自摄)

4.1.2　鄂南古桥建筑的艺术特点

与环境相生共融。与我国江南地区如诗如画般"小桥流水人家"的传统古镇市井生活样态不同,地处山区的鄂南古桥多架设于乡野阡陌之上,融于山谷丛林之中,与蓝天碧野相伴,与潺潺流水为舞,与粉墙竹影、古树青藤组成了有机的山水风光,极尽"乡野"田园静谧之美。而地处市集的鄂南古桥,则如飞虹横跨于南北集贸之中,建有条凳、凉亭、茶铺等设施,彰显"乡土"人文乐施之善。如:位于咸安区白泉河上的刘家桥,始建于明代崇祯三年(1630年),为单孔石拱桥形制,桥长20m,宽5m,高5m,跨径10m。桥上建有廊亭,内梁雕有龙凤八卦图,顶部密覆黛瓦。桥身两侧用青砖垒砌高约2m的方孔花格拦护墙,墙内置有长凳。昔日,刘家桥曾是通山、江西通往汉口、咸宁的主要通道,因此,廊桥上也曾热闹非凡,人流如梭。因而,当地村民常在桥头设置炉灶、茶具、茶桶等设施,轮番烧茶,一年四季,免费赠饮。远眺刘家桥,碧葱葱,几株古柳掩映,清悠悠,一脉白泉反照,甚是古朴典雅,有着道之不尽的画意诗情。正如,廊桥中对联所云:"水秀山青古道萦纡墨第,峰回路转小桥飞跨刘家桥"。不仅是刘家桥,鄂南的白沙桥、万寿桥、官埠桥等,均建有廊亭,且均内置长凳、石椅、茶具,为行人施舍茶水,供人小憩,彰显了鄂南古桥文化中广纳南北之客、乐施地主之谊、极尽惠民之便的"功能"之美。这些饱经沧桑的鄂南古桥,正如当地诗词所绘"山野清溪,一桥飞峙,平添百般风韵;名胜古迹,有桥相引,更增无限清幽。美景赖桥以成,水光因桥增趣,秀色得桥始彰"(见图4-10~图4-12)。

图4-10　咸宁市双溪镇清代六眼桥(作者自摄)

图4-11 咸安区桂花镇明清白沙桥鸟瞰图(作者自摄)

图4-12 咸安区桂花镇清道光万寿桥远景(作者自摄)

造型优美,富于变化。鄂南横跨于我国南北方的中间地带,其古桥也兼容并包于我国南北方桥梁建筑灵秀与敦实的神韵。在体量上,亦大亦小,灵动而多变。在鄂南的桥梁家族中,以石拱桥居多,有单拱、圆拱、马蹄拱、椭圆拱、连环拱等丰富的类型。这些拱券横跨于河面,空腹玲珑,宛若雨后长虹,造型十分精美。如:明世宗嘉靖二十八年(1549年)始建的西河桥,飞虹于淦河之上,"桥洞有七,石栏杆环列其上,影若卧虹",在当地被称为"虹桥";而建于清代道光二十七年(1847年)的万寿桥,架设于咸安区桂花镇石鼓山村与万寿桥村间的白沙河上,全长34.4m,宽4.8m,高约6m,为三孔石拱桥形制,其跨径总长达32.4m。该桥东西两端分别设有一拱形门,门拱上方有一块稍稍凹进的平整石板,形似门楼上的匾额。其上,自右向左分别刻有"万寿桥"三个苍劲有力的繁体大字,使人屹立于万寿桥桥头,恍若走近一座古老的宅第。不仅如此,鄂南古桥的做工也甚是精美,楹联、题刻、碑记精彩而丰富;桥栏石刻,刀刻圆润;人物形象,个性鲜明;花鸟奇兽,栩栩如生……极具精湛的艺术价值(见图4-13、图4-14)。

图4-13 咸安区高桥镇清同治高桥(作者自摄)

图4-14 咸安区浮山清同治龙潭桥(作者自摄)

彰显乡土人文之美。鄂南桥多,与桥相关的乡土人文轶事更多。扎根于鄂南乡土的每一座桥都有着不同的历史渊源,都有其自身的特定意义,它们或叙事、或记人、或写意……无不寄予和彰显着广大鄂南民众对于"真、善、美"的追求。例如：咸宁市白霓桥位于崇阳县四大古镇之首的白霓镇，明嘉靖四十年（1561年）由当地商人熊白泥捐资修建。为铭其善举而命名"白泥桥"，后改"泥"为谐音字"霓"，桥以人名，镇以桥彰，古镇亦命名为"白霓"。再如，位于高桥镇刘举人庄的字纸藏桥，是当地一刘姓放牛娃因家境贫困，无钱读书，只得在学堂外偷学，并捡拾富家学子丢弃的笔纸残墨勤学，后得教书先生关照，进考中举，便出资建桥，以报师恩和便利乡邻。又如春茶桥，据传是清代鄂南当地乡民为方便运茶所修。桥面设有茶亭，免费为过往行人提供饮茶之便……在古代，鄂南施茶者甚多，相传仅南方茶马古道途径的咸宁段就设有"九路六十二茶亭"，而施茶行善也是鄂南人民的传统美德彰显。综观鄂南的万千古桥及其桥名，有感激于自然的恩赐，以当地物产为名的金桂桥、麻桥、翠竹桥等；有以纪念当地知名历史事件为名的，如：纪念宋末里人王晔聚众与贼战，得胜相贺的"贺胜桥"、铭刻北伐战役的汀泗桥，以及关阳桥、马桥等；有以扬善崇德为名的十孝桥、乐善桥、十好桥等；有以传颂当地历史传说、神话故事的嫦娥桥、女儿桥、鹿过桥等；还有寄语幸福生活，期盼亲人团聚的福禄桥、归来桥……可以说，根植于鄂南乡土的每一座古桥，都有着一段美丽的传说，述说着其厚重的历史。

4.2　鄂南不同时期古桥建筑的审美理念

如果说，是自然的山川水土给予了鄂南古桥的生命，那么其乡野灵气则源于鄂南当地人文环境的浸染与赋予。在没有强大桥梁设计团队和高科技技术支持的古代，桥梁的建造除了针对桥梁的实用功能与地域环境的因素考虑外，则往往是建立在传统匠人智慧与经验积累的基础之上，充分融合当地的人文环境需求和审美喜好，并使得当地的古桥也由此深深地烙印下了深厚的荆楚文化底蕴及其鄂南地域山水人文孕育下特有的审美情趣。

4.2.1　宋代鄂南古桥内敛灵秀的审美理念

淳朴内敛，是鄂南乡野小城人最具典型的性格特征，而鄂南地区的古桥也是如此。尽管,崎岖的高山阻隔以及河道水网的密布割裂,给鄂南人的生活带来了诸多不便,然而,在荆楚文化的熏陶与影响下,内敛而婉约的鄂南人以大山里淳朴、内敛的性情,无畏于地理空间的制约,用因地制宜、巧夺天工的智慧塑造了一座又一座"功德的丰碑"。也使得鄂南的乡野古桥在形态话语上流露出了一种婉约质朴的特质。鄂南的拱桥便是如此。受鄂南当地文化的影响,其拱桥桥墩较之北方拱桥纤薄轻盈,即使建在较为开阔的水面上,也不具有恢弘磅礴的气势;较之江南古桥的精致,却更显质朴灵秀,无过多繁复装饰,与鄂南山水一体,彰显鄂南人机智灵巧的性格特质。例如,始建于南宋景定五年的通城县灵官桥,又名招贤桥。桥西北至东南方向跨于陆水上游的岩壁之上,河流两旁为连绵的高山,中间为狭长的平畈,蜿蜒的陆水河支流经桥下潺潺流过,婉约轻盈的桥身使其如一道彩虹跃然于山水之间,尽揽八方贤士。桥栏装饰简约质朴,仅用长条石予以简单堆砌。朴实无华的装饰,简约天成的素雅,也映射了深藏于乡野小城的鄂南人内敛灵秀的审美心境(见图4－15)。

图4－15　通城县马港镇宋代灵官桥(作者自摄)

4.2.2　明清鄂南古桥柔美秀丽的审美标准

鄂南自古多水,秀水环绕青山相依成了这方乡土靓丽的容妆,也孕育了鄂南女子小家碧玉、温婉秀美的气质。伴随着宋代后期鄂南地区石桥营造技艺的日渐成熟，以及吴楚、湘赣文化的多元交融，至明清时期，鄂南的石桥多采用南方水域典型的半圆、椭圆等内敛的几何形状。即使受限于地形、水域等因素，桥体造型不得不采用较为平直的形态时，匠师们也会采用弧线或是曲线的方式予以修饰，以达到和谐柔美的状态。在清代，鄂南地区石桥遍布城乡，多为就地取材，造型优美，不同于宋代淳朴素雅的审美思想，其桥栏柱石雕饰精致，多以浅浮雕装饰纹样为主，有较明确的装饰主题与寓意，形象生动，构图简单，纹样层次较少（见图4-16、图4-17）。但有时为了更加凸显古桥建筑的柔美秀丽，也会适度减少桥梁烦琐的装饰，回归乡野田园的清秀之美。例如，咸安区的刘家桥作为鄂南地区明清时期古桥建筑的典型代表，该桥并无过多装饰，但桥梁的形态却更显柔美、秀丽与挺拔，彰显了鄂南人对于古桥美的审美喜好。

图4-16　通山县清道光马槽桥　　　　图4-17　通山县清嘉庆益昌大桥

桥栏纹案（作者自摄）　　　　　　桥栏纹案（作者自摄）

4.2.3　民国鄂南古桥开放灵动的外来情节

鄂南丰盈的水系造就了当地人纤巧灵动的性格特点。从村落、建筑到花草、树木，这些源生于鄂南乡土的景与物，在鄂南水土、阳光的"光合"作用下也无时无刻不折射与显现出鄂南人灵动的风格特性。由于三省交汇的地缘经济发达，以及水运交通的便利，也使得鄂南的传统古桥及其建筑具有开放包容的性格特征。因此，我们既能看到南方拱桥的灵巧造型，也能看到鄂南自然乡土的淳朴秀美，还能看到古桥两端皖、赣、徽派建筑典型的粉墙黛瓦的马头墙元素，以及内敛精致的桥廊、桥柱，处处散发着纤丽、灵巧、包容兼具的地域特征。至民国时期,受到中国近现代外来文化的影响,鄂南地区的建筑逐渐具有中西合璧、传统与近现代融合的印记,新材料、新技术的引进,也或多或少地改变着这座城市及其建筑的形制。例如,建于咸安区淦河之上钢混结构的虹桥,以及采用了砖混结构材料的玉凤桥、朱家桥,均为民国时期建造,较之宋代及明清时期的鄂南古桥梁建筑,由于材料结构的差异,建造方式上也有了很大不同。由于材料结构的形塑限制,这一时期的鄂南桥梁建筑造型整体挺拔灵巧,其桥梁的桥栏、望柱多为水泥、钢架构成,无过多的装饰细节,即使有也多为简单的中式菱格纹或几何图案构成,凸显出了特定时期的与众不同,以及外来材料技术的本土融合与调适。

4.3　鄂南古桥的艺术表现

鄂南地区古桥梁建筑造型极为丰富,艺术水平较具浓郁的地方特色。它们不仅形同一道道靓丽的彩虹或一条条平直的连线,解决天堑、水岸的跨越和交通问题,而且,其在选址与造型往往能巧夺天工地与所处的自然环境、周边的聚落村庄等相互协调,并化身为鄂南大地上特有的标志物。如果说是鄂南自然的山川、人文孕育浸染了鄂南古桥内敛灵秀的艺术气质,那么也可以说,是鄂南古桥的灵动柔美的艺术表达使得鄂南的山水、人文更具有了别样的风情与韵味。鄂南古桥建筑多样化的艺术形式,更多地呈现于其桥梁建筑所选取的造型结构、所处的环境特征及其乡土人文的艺术表达等方面。

4.3.1　鄂南古桥的造型特色分类

1.根据古桥造型所选取的平面分类

桥梁平面的造型与布局,是桥梁建筑造型的灵魂与关键。"古代智慧的造桥工匠,多按基地的形式,灵机应变而立"①,这与桥梁建筑所处的地域环境、所选的地理位置均有着密切的关系。并对其所处的环境因素稍加变化与调

---

① 乐振华.绍兴古桥遗产构成与保护研究[D].杭州:浙江农林大学,2012:26.

适,以营造完美的桥型与平面,服务于民众。据研究调查统计,鄂南地区乡野古桥的平面造型可分为"一"字形、"单边"敞口形、"八"字形等(见表4-1)。

表4-1 鄂南地区古桥平面类型(李紫含绘)

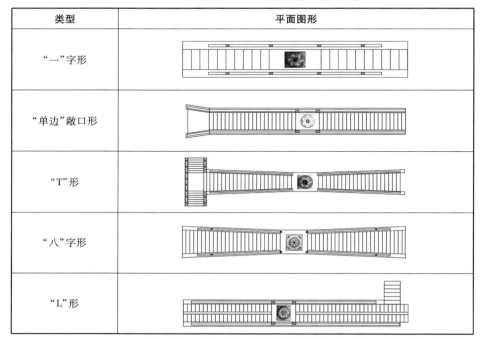

类型	平面图形
"一"字形	
"单边"敞口形	
"T"形	
"八"字形	
"L"形	

2.依据桥梁建筑所处地域环境因素分类

(1)宗庙桥

桥,自古就有通天、通神之说。牛郎织女在鹊桥相会,转世投胎则要过奈何桥……因此,我国宗祠、神庙等宗教建筑周边或内外均可见到桥梁建筑的身影。常见的有"桥挑庙""庙中桥""庙挑桥"等主要格局形式(见图4-18)。其中,尤以宗教建筑之前设置桥梁的"桥挑庙"形式最为多见。鄂南,也是宗庙建筑丰富的地区,乡村聚落多为同宗族血脉聚居而成,笃信土地、山神、河母,因此,祠堂、宗庙、神龛等宗教建筑形制随处可见,于周边建造桥梁的现象在鄂南也极为普遍。这些桥梁往往以轴线的形式平衡宗庙建筑群落的关系,并与之形成一个布局严谨、空间有序的整体,也使得这些宗庙建筑倍感神圣和庄严。

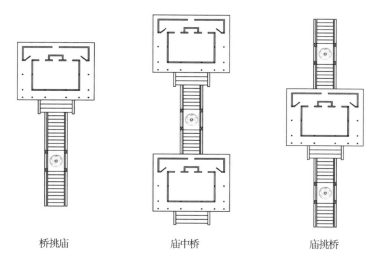

桥挑庙　　　　　　　　庙中桥　　　　　　　　庙挑桥

图4-18　宗教建筑与桥梁形成的格局图(李紫含绘)

无论是寺庙中,还是宗祠前,其桥梁的建造无非想为这类宗教性建筑营造一种神秘的氛围空间,使前来祭拜或参拜的信众在迈入这些神圣之地时,在心态上提升自我,以形成文化性空间。而桥梁在其中发挥着空间之间"过渡"的象征意义。鄂南地区现存的宗庙桥建筑组合群落,常见于较大的宗族聚居村落,或是宗教建筑遗址区,多为明清时期建造。由于其建造位置的特殊性及其建筑性质的独特性,使得其建筑的保护也相对完好。嘉鱼县的净堡桥、咸安区的高桥等均属于这种类型。以净堡桥为例,该桥位于西湾的静宝寺(1940年5月被日寇飞机炸毁,仅存遗址)前,始建于元代,相传由当地僧人张绍忠募化而建,为单孔石拱桥,全长60m,宽4m,跨长8m。桥之东北面刻有"万古千秋";拱内正上方顶端石板刻有八卦图案,两边分别刻有"光绪三十三年岁次丁末吉立""四月七日上梁正遇紫微星"等阴刻图文,据说这些雕刻在桥梁上的图案有着吉祥的寓意,对于经过此桥的善男信女们寄托有着好运的祈福。

(2)山水林桥

宋郭熙曾说:"观今山林,地占数百里,可游可居之处,十无三四,而必取可居可游之品,君子之所以渴慕山林,正谓之佳处故也,故画者当以此造意,园林亦正以造意。"①在自家宅院中缔造一方园林意境、一抹小桥飞虹,又有多少古代文人雅士为之神往。正因为如此,古桥建筑常与我国古典山水园林相得益彰。与我国江浙苏杭一带,古桥融合浸染于相对狭窄的宅园天地,临摹于自然山水,所创造的咫尺山林、如诗如画的艺术境界不同(见图4-19),真实、立体化的山林隽水镌刻了鄂南古桥独特的乡野特质,它们架构于崇山峻岭之间,与鸟语花香、潺潺流水相伴,或大或小、或曲或折,既有拱桥,也有平桥、廊桥,既有石桥,也有木桥、竹桥……这些桥得天地之灵气,和山水融为一体,相映成趣,朝晖夕阳,气象万千,给这片土地增添了无限的神韵,与环境形成一种浑然天成的独特景观。

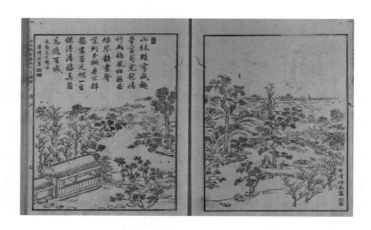

图4-19　古书中的园林桥(图片来源:唐寰澄《中国古代桥梁》)

例如,位于崇阳县桂花镇双港村的斤丝桥,桥东西跨虎爪河,桥下有一潭,深不可测,即使用一斤丝线连接起来,也不能缒底,因而得名斤丝桥。该为单孔石拱桥,建于明代,桥长23m,宽3.8m,高5.8m,孔跨6.3m,采用镶边纵联砌置法修建而成。该桥结构稳定,高大气派,与斤丝潭的浅瀑布式泉水、潺潺灵动的溪流形成景观,与山林融为一体,如若浑然天成,幽静而致远(见图4-20、图4-21)。

①　任峙.宋金桥梁研究[D].郑州:河南大学,2007:100.

图 4 – 20　崇阳县桂花镇双港村明代斤丝桥(作者自摄)

图 4 – 21　崇阳县桂花镇双港村明代斤丝桥及周边山林景观(作者自摄)

位于咸安区桂花镇高升村的北山寺廊桥,始建于清代光绪十一年(1885年),是北山寺主持为了便于咸安区与通山县两地农民过河,拿出寺庙的香火钱而建,全长 34m,宽 4.5m,桥面长 27m。架构于鄂南的母亲河淦水河上游的十里长港之上,藏身于幕埠山脉的丘陵沟壑之间,远远望去好像一只画舫停泊在竹林间的溪水之上,与丛林百花相伴,与水草绿柳为舞,不时吸引鸟儿在上面驻足停歇,诗情画意,美不胜收(见图 4 – 22)。

图 4 – 22 咸安区桂花镇清光绪北山寺廊桥（作者自摄）

鄂南古桥的造型布局与自然环境有着密切的联系。或许，正是受到自然的地缘地貌，天然的水流风向，抑或是传统的人工建筑形制布局因素的影响，鄂南的山水林桥布局形式常见于点景式、组景式和序列引景式三种类型。并依据其独特的营造方式和地缘特点，因景而异。如：位于崇阳县高枧乡东山村半山的清代福星桥，桥南北跨高枧河，桥长 21m，高 11m，宽 5m，孔跨 14m。由于此桥架构于两山之间的半山之中，峡谷险峻，河流湍急，建造者别出心裁地采取桥上桥的点景架构方式，使得桥体更为立体且多层次，更显雄伟与挺拔。这种桥上桥的设计方式，至今尚不多见（见图 4 – 23）。

图 4 – 23 咸宁崇阳县清代福星桥（作者自摄）

此外,鄂南地区古桥的建筑造型,往往也会受到河流形态因素的影响。例如,单条河道的桥型常见于简单的"一"字型和"L"型布局,而多条河道交汇的桥型则多由"T"型和"十"字型布局构成(详见表4-2)。

表4-2　鄂南地区河流布局分类及其特点(作者自绘)

河流形态	分类	特点
单条河道	"L"型	常布置于河流的拐角处,并与河道形成垂直关系。由于拐角空间布局更为宽广,可建造出不同类型的桥头空间。
	"一"字型	与河道形成垂直形体布局,形式简单。
多条河道交汇	"T"型	常建3~4座桥梁。
	"十"字型	常建1~3座桥梁。

4.3.2　鄂南古桥的乡土人文

作为人类物质文明的见证与经典遗存,古桥梁建筑不仅能鉴证历史的光辉,也能弘扬精神的文明。即使它们中的一些或已失去了交通的承载作用,但仍能通过一部部桥记、一段段传说等,发现一座座桥梁建筑灿烂文化的印迹。承载着鄂南乡土光辉及历史文化的古桥梁建筑,较之于其他地域的古桥,在桥联碑记、诗文题刻、装饰手法等方面流露着当地乡土人文的艺术表征。

桥联,即桥上的楹联。据史料考证,桥联最早出现于我国明代中后期,盛行于清末民初。古时但凡鄂南当地兴建桥梁,都会在桥的侧面修建一排或数排对称的桥柱石上,或是桥梁两端封火墙头的入桥门洞旁,刻上楹联。鉴于桥联上绝好的联词佳句多会令人回味,同时也被广为流传。为令后人铭记,也会邀请当地知名的文人墨客前来撰写。鄂南地区现存的万寿桥、白沙桥(咸安区)、字纸藏桥等均可见桥联。虽然由于年代的久远、社会的变迁、风雨的侵蚀等因素的影响,它们中的多数文字早已无法辨识或残缺不全,但鄂南乡土文化的风采仍依稀可见。咸安区白沙河上的白沙桥,是鄂南境内现存古桥中保留楹联、诗句规模最大且保存最为完整的一座石拱廊桥,其北面桥头刻有"二水汇流碧潭白沙桥基稳,三山分出高峰深涧旅路安",南面桥头则是

"白泉淦水天堑隔，沙脚龟头石桥连"。尽管受当时"破四旧"的"文化大革命"影响，南面桥头的石龟已不知所踪，但古桥的廊柱上仍留下了许多珍贵的书法墨宝作品，如："白鹤云天外，沙鸥烟水中""一溪烟水明如昼，万壑云山翠似蓝"（见图4-24）……

图4-24 咸安区白沙桥廊柱上遗存的楹联诗句（作者自摄）

碑记题刻，既是一座桥梁建造或修缮过程的真实记载，同时也是对造桥者或捐献者功德的弘扬与展示。例如，咸安区高桥镇的高桥，是一座桥面长35 m、宽5 m、高6 m的五孔石拱桥，因造桥人功高厚德，盼"桥神"保佑高桥人福比山高，取"高"字而得名。其桥高孔多，鄂南境内少见，2008年被评为湖北省文物保护单位。据高桥功德碑所载："高桥虹跨于双溪之间，为武郡阖属之通衢，亦楚南吴西之孔道也，长途酷暑过客谁怜气敬闻"，对其所处地理位置、功能作用均有详细论及。其西侧的桥墩下"同治八年——我水"的碑文依旧醒目，也是造桥人的历史见证。而在咸安区刘家桥桥头桥名题刻依旧，另一侧的功德碑刻上也详细记载着道光十三年三月此桥补修时参与募捐的人名及金额等信息，具有重要的文史依据和考古价值，为后世的研究提供了实质性的依据（见图4-25）。

鄂南地处荆楚大地，又是湘赣吴楚文化的交融之所，乡土山水的滋养更造就了当地文风兴盛的传统。他们常以桥作诗，桥以诗名。如：昔日商贾云集的官埠桥,因昔过往官员直抵桥边上下船而得名。清代诗人胡光灿就曾感慨于官埠桥的繁华与兴旺,留下了"春烟翁碧不成丝,马到桥边细雨时。为爱如酥官道润,袖边觅句意迟迟"的佳句。尽管,今日官埠桥的风光早已不如往昔,但这些底蕴深厚的诗词却留存了下来,不断传承着当地特有的文化与风俗。

图4-25　咸安区清代刘家桥桥头碑记与题刻(作者自摄)

4.4　鄂南古桥的构造方式

鄂南地区古桥梁建筑在考虑地域人文艺术特征呈现的基础上,也有传统建筑构造与营造上的一些共性思考。比如,鄂南的一些古桥在建造时,会选择设置在河床较窄或是水流转弯处,这些主要是出于技术因素的考虑。目的是缩短桥梁的跨度,以减少水流对于桥墩的直接冲击。此外,对于不同的桥梁建筑结构形式,桥梁营造的方法也会采取相应的调整变化。

我国现存的古桥梁建筑主要分为木桥和石桥两大类,但由于其桥型结构、装饰构件不同,又可以细化区分为多种小的类型。不仅如此,又因为不同历史时期桥梁营造技术的繁复程度不同,以及桥梁装饰构件的称谓,在我国不同地区的叫法也不尽相同,因此,很难统一标准。鉴于当下已很难找寻鄂南地区具有代表性且保存完整的全木结构古桥,为清晰地阐述鄂南地区现存古桥的构造特征和营造工艺流程,研究在综合我国南方桥梁的主要构件的基础上,结合鄂南桥梁,主要是石桥的特点,将鄂南地区的石梁桥归纳分为桥额、柱石、帽石、槽盘石等6种主要结构件构成(见图4-26)。石拱桥则主要由望柱、桥栏、桥额、桥耳和踏步等10种构件组成(见图4-27)。尽管这些桥梁构件在造型、工艺方式会略有差异或取舍,但大体结构并无太大之别。

图4-26　咸宁区石梁桥构件结构分析图(作者自绘)

图4-27　石拱桥结构构件分析图(作者自绘)

　　例如,鄂南的石拱桥多采取相对粗壮的大块条石相互挤压,并利用券石间的侧推力构筑出拱桥拱券的空间跨度。一般而言,拱桥券石石块越小,其营造的拱桥跨度越大,其结构也将更稳定,桥梁也更耐用。但也会存在如建造难度相对较大、条石咬合点过于分散等问题,因此,鄂南当地工匠常会先用木材制作相应的模具,再砌筑拱券将石条相互挤压,并注入黏合剂,待条石黏合剂干透,桥梁形状结构定型后,拆除搭建的木制拱券模具,这样拱桥的建造方能宣告完成。此外,石拱桥建造的孔数也有单孔与多孔之别,其中,多孔拱桥的孔数一般以奇数为主,通常以中孔最大,边孔的大小则依次按比例递减,这样也会适度减轻桥墩的自重,使拱桥的拱券整体更加轻盈、优美。

梁桥的结构则相对简单一些。其造型结构主要是利用桥墩或者柱子,将其竖立在横向的桥梁或桥面板下端,以起到结构支撑的作用。这类桥梁营造技术相对简单,更易操作,但也会出现一些问题。比如,建桥的型材要求。一般这类桥梁对于型材的要求较高,常需要体积较大的材料,对于木材而言,相对好找,但体积较大的石材则相对难寻。另外,梁桥的稳定性也相对没有拱桥好,主要是因为桥墩支撑的桥梁结构,在长时间受力并产生横向移动时,会导致桥梁的倾倒。因此,时间久了,这类桥梁多会出现坍塌(详见表4-3)。

表4-3 鄂南地区古桥梁建造方法分析(作者自绘)

名称	建造方法	特点
石梁桥	通常采取开山平石的方式,将其凿成长块后,运到现场,再打好桥桩,砌筑桥基,并在河中搭设固定桥体的支架,采用滚木的方式,撬石过架,建造梁桥。	利用桥墩或柱子竖立于横向的桥梁或桥面板下端,起支撑作用。
石拱桥	通常采取上山采石(多以花岗岩为主)的方式,初凿成型后,运抵现场。然后,挖土坑,搭设木桩,砌筑桥基,搭设木制拱券支架,依放样尺寸凿制条石,编号并逐块拼砌。拱顶按照拱形凿制成弧,将石块拼砌成拱,注入石缝黏合剂,干透定型后,拆除拱券模具,拱桥方成。	采取相对粗壮的大块条石相互挤压,利用券石间的侧推力构筑出拱桥拱券的空间跨度。

4.4.1 鄂南古桥的营造方法

由于雨水侵蚀、年久失修等多方面原因,木结构桥梁在鄂南地区现有遗存中保留不多,且多经翻修,很难清晰地辨别原始工艺。因此,本章节主要涉及鄂南地区乡野石桥营造方法的讲解。目前,鄂南地区传统石桥主要有石梁桥、折边拱桥、半圆拱桥、椭圆形拱桥、马蹄形拱桥等多种类型,建造过程分为选址阶段、设计阶段、下部基础结构建造阶段和上部结构建造阶段。

桥台和桥墩的建造施工,常见于绝水施工法和水中施工法两种方法,即我们通常所谓的干修法与水修法。① 鄂南地区传统石桥的下部基础结构营造方法也不外乎如此。其中，水修法主要是一种针对水网软土地基地质常用的桥墩建造法，多用于鄂南地区的河道、水网、稻田间。因其土质多为污泥，故建造桥墩时要将木桩密集打入水中，以改良桥墩基础构造的方法。常见的水修法一般采取两种方式：其一是直接将木桩密集地打入，水中；其二则是选择在河道、水网的枯水期，在所需建造桥墩的周围筑堰，抽干堰中的水，再在堰内打桩。木桩打入后，在整体木桩桥基上放置长条石，直横砌置几层，使桥墩基础形成整体，再在坚固的底盘石基础上砌筑桥墩。尽管由于史料的缺乏，导致我们已无从搜寻与知晓鄂南地区相关古桥建筑在低技术时代施工工艺的具体方式与方法，但我们依然可依据对现存古桥遗址的考察，结合其他相关文史资料、地理位置、河网密布等因素，从建筑学的角度出发并推测，鄂南古桥绝大多数近水网桥梁下部基础结构采用了退潮枯水时期的水修法。干修法，则是指一种单跨梁桥，桥墩多架设在两岸旱地之上，筑墩则在旱地上采取无水干修筑墩的方法，常被用于鄂南山地丘陵地带修建的石桥中。河道、水网处如采取此种技术，则通常是在当河道可以截弯取直时，在规划的河道上，旱地造桥。这种干修法既经济方便，又保证质量，故沿用至今。咸宁市马桥以及通山县楠林桥早期的老桥墩，均采取这种方法修建。

鄂南地区传统乡野石桥的下部基础结构建造技术，采取的无论是水修法，还是干修法，其上部结构施工部分，则无外乎又分为梁桥上部结构和拱桥上部结构两种。其中，石梁桥上部的结构施工，主要指梁桥的桥墩建造和石梁的安装；而石拱桥上部的结构施工，则主要是指拱券与拱上建筑的施工。其拱券及拱上建筑的主要施工程序一般包括：

（1）搭拱架。即安置拱券架。常分为木结构拱架和土石垒拱架两种类型（见图4-28）。

（2）加工券石。由于石桥砌筑依靠力学结构干砌而成，所以石料加工的精度要求很高。在拱券架上正式砌筑拱券前，还需按照拱券设计的形式加工好相应的券石，即使是乱石拱，材料的选取要求也很高。

---

① 茅以升.中国古桥技术史[M].北京：北京出版社，1986：185-192.

（3）砌筑拱券。待拱券石备好后，即可在拱券架上砌拱了。鄂南地区传统石桥拱券砌筑，一般常见为并列砌筑和分节并列砌筑两种方式。又因石材、地势不同而衍生横联、纵联、分节并列、框式横联、无规则等多种砌筑方式。此外，其砌筑的拱石又分为无铰和有铰两大类，即我们常说的有榫卯结构和无榫卯结构两大类。其中，拱券砌筑一般会采取由拱脚往拱顶处砌筑的方式（见图 4 - 29）。

图 4 - 28 鄂南地区拱券架的构筑现场图（作者自摄）

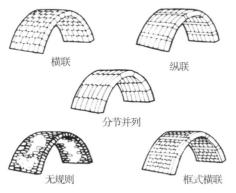

图 4 - 29 拱券砌筑方式图（张颖绘）

（4）尖拱。也即压顶，是石拱桥拱券砌筑成败的关键（见图 4 - 30）。在鄂南地区，当石拱桥的拱券石砌筑到拱顶时，通常会特意备留下一条龙门口，并采取尖拱技术将龙门石砌入，以完成桥拱体的最终合龙。其尖拱技术，是先用一块与龙门石相仿的木块，在龙门石的位置上将其敲入；再将已砌好的拱石挤实压紧，后取出木块，砌入龙门石，并在龙门石上平压顶盘石，使拱石密合；当顶盘石等重物压上后，拱券成型挺立，拱券也就宣告砌筑成功了。

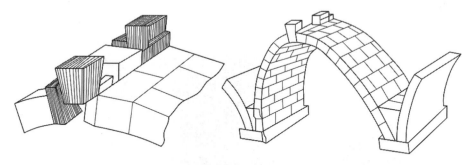

图4-30　尖拱结构图(张颖绘)

（5）装饰。当石拱桥的拱券砌筑好后，会依据当地匠师、人文的设计构想砌筑相应的山花墙、桥栏、桥阶，以及桥廊、桥亭、桥屋等桥体附属或装饰性设施。

4.4.2　鄂南古桥的传统建造技术

鄂南地区传统的乡野石桥尽管看似质朴、简洁，但从初始建造直至落成，却也涉及"选址——桥型设计——实地放样——打桩——砌桥基——砌桥墩——安置拱券架——砌拱——压顶——装饰——落成"等诸多基本的桥梁建筑营造程序。在早期低技术的环境背景下，却也有着许多较为复杂的建造技术及其要素。

1.鄂南地区传统石桥的选址技术

在鄂南大地上，百年以上的乡野古桥之所以留存数量众多、保存完好，除了其桥梁建造的合理性、科学性之外，最为重要的一个原因，正是在于其桥址选择的合宜性。而石桥的选址欲达到因地制宜、科学合理的要求，其关键离不开桥址选择在水流对桥基的冲击较小、桥基底层坚固的地方，以保证桥基的稳固。

　　天然岩基选址:崇阳县的福星桥、通山县的双河桥、通城县宋代灵官桥等地处鄂南山区的石桥之所以能经受千百年来山洪的冲击,关键就在于这些石桥的桥基本身就是天然岩石,桥台就建在天然岩石之上,山洪直冲桥台下的山岩无损于石桥的主体。而在地势较为平缓的河滩、水网、稻田地段,能找到天然岩石作为桥基实为难得,位于通山县闯王镇宝石河上的宝石桥老桥桥基,正是在平原缓坡地区就地取材以河道中天然岩石作桥基的典范。由于两岸岩石大小不同,为求稳固,鄂南传统石桥在桥型的选择上,宁可使桥型服从于桥基的需要。位于通山县厦铺镇黄荆村的盘溪桥便是如此。该桥为清代单联石拱桥结构,坐落于南北跨向的狭长山坳中段,通长 15m,宽 3.6m,高 3.6m。其桥基南北两端利用山溪两岸天然岩壁,直接将其架设于崖石之上,使桥拱远离水面,山洪不可能到达桥台、桥拱,因此无山洪冲毁之忧,保存至今。不仅如此,也正因两岸崖石桥基由异形条石砌筑成拱,有高低之别,故该桥桥拱两端与墩台相接点不在同一水平面上,拱弧形成 112°,高差甚至达到 30cm 以上(见图 4 – 31)。

图 4 – 31　通山县清代盘溪桥桥基(作者自摄)

　　回流缓冲选址:位于崇阳县桂花镇双港村的明代单拱石桥斤丝桥就是这类石桥选址的典范。其选址的优点在于避开了河道水流的直冲方向。这条河流在冲过一个回头湾后,形成一个回流缓冲的大水潭,斤丝桥就架在水流平稳的大水潭口子处。正是这种特殊的地形条件,才使该桥得以从清代保存至今(见图 4 – 32)。

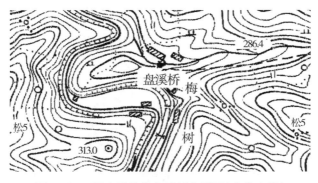

图 4 - 32　通山县清代盘溪桥位置图（李紫含绘）

2. 鄂南地区传统石桥的设计

鄂南不仅有桥,还有如何柏川等关于建桥人的故事和传说,这些当地民间建桥人或建桥工匠在建造石桥时肯定有着自己的设计构想,至今却很难再去搜寻或发现其当初设计的图纸,但我们可以从现存的石桥中推导出建桥时的设计蓝图（见图 4 - 33）。

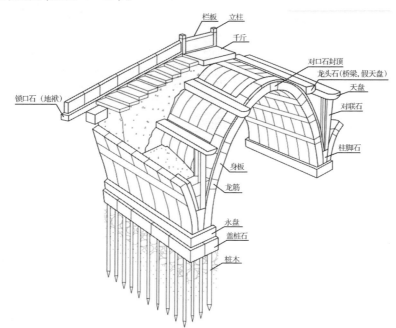

图 4 - 33　鄂南地区拱桥内部结构剖析图

3.鄂南地区传统石桥的基础施工技术

（1）木桩密植改良软土地基技术

在水网密集地区,建成的稳固桥基是一件较为困难的事情。远在汉代,我国部分地区就掌握了在水网软土地基上建成稳固桥基的技术。例如,已被发掘考证的位于绍兴地区湖塘古堤处的汉代古湖塘桥桩基(见图4－34)。

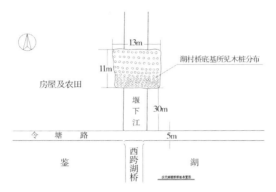

图4－34　绍兴地区汉代古湖塘桥桩基图(图片来源:唐寰澄《中国古代桥梁》)

这种木桩密植的布局方式与现代工艺钢筋混凝土密植建桥技术类似。鄂南城区内的传统石桥桥基部分的施工处理,也多采用这种小桩密植基础技术。由于鄂南地区盛产松木、楠竹等可循环再生性树材,鉴于"千年不烂水底松"的说法,当地人铺设根植石桥桥基时,通常会就地取材,以松木为密植石桥桩基的主材,辅以少数楠竹类"筋"材,以增加桩基的韧性,确保桥基的牢固。

（2）带水打桩作业

打桥桩,是一种在选定的桥基区域内按照梅花桩的格式密集地将松木桩植入的方式。一般会选择有经验的桥工,根据桥位所处的地形、地质进行相关判断,并从水面直接实施带水打桩的作业工序。他们通常不做钻探,仅凭目测与手感等经验性判断来确定木桩的长度。木桩的多少、径围和长度,往往视桥梁的荷载而定,其桩基位的布置则根据墩台的规模决定。木桩布置密度由桥台临水端往后依次递减。打桩,一般采用2～4人抬夯。每根单桩的打入程序为制桩到定位。通常用夯具压桩入土至50cm深处,夹桩轻打,再重击桩顶。重击过程中,采取人力夹桩,调整未入土的桩身偏斜度。连续重击十下直至不见桩有贯入,则打入完成。梅花桩,往往是由外及内打入。待桥桩挤实后,打桩难度也会逐步增加。常见的木桩有2～3丈,桩基既可密实土壤,又可传递压力至下端较密实的持力层,桩头用片石嵌紧保护,桩头的顶端一般也会搁置桩帽石,使桩基形成一个整体。

(3)抛石、多层石板基础技术

鄂南地区传统石桥桥基,在采取木桩密植的同时,往往还会在桩基的周围抛石填充于桥桩之间。待桥桩基础完成后,也会在木桩上砌筑石板桥基,石板的层数视地基和桥的承载要求而定。鄂南地区传统乡野石桥很重视桥基的稳固性,常在松软地基进行松桩密植的基础上,加筑多层石板,以强化桥基的安全系数,少则两层,多则七层。例如:通山县慈口镇邓家桥桥跨下泉溪东西两岸,由于与桥南部的堰坝相连,且周边土质松软,故桥基采取多层石板呈梯形叠筑的方式,仅桥基石板就达七层之多(见图4－35)。

图4－35　通山县慈口镇清代邓家桥(作者自摄)

4.放样

石拱桥建造前,一般需要先放样。放样前往往需先行制作样台。样台,是拱架、拱券放大样的场所。通常会是在桥位附近确定一块相对平整的场地,其长度大于跨径,并有大于矢高的空间高度,使用木制或铺设地坪的方式制作样台。木制样台常使用5cm厚的木板平口拼制,嵌实于地面上,并搭棚保护。铺设地坪时,其地面以小石块夯实,再平铺3cm厚的砂浆,或在夯实的地坪上铺筑150cm的凝土,用灰土、碎石、灰焦渣、瓦砾等填充孔隙,并使用三合土夯实地坪制作样台。

5. 拱架砌筑

由于一块块的楔块拱必须在拱架上实施砌筑,因此,拱架的砌筑,成了鄂南古桥建筑施工过程中的一个重要环节。为了使拱架受力均匀,不易变形,鄂南的传统石桥不仅要搭设牢固,砌筑时还要使两端拱脚处对等,使其能均匀地向拱顶处砌筑。土牛拱胎架,是鄂南当地人常用的一种传统的块石拱桥的拱架形式,是当地人就地采用河床中的材料堆筑成阜,胎背适合拱腹曲线,两侧做成适当的边坡,因其形状如牛,故名。在冬季河床干涸或水量不大可以导流时,或河床为沙砾石时,最为适宜。取材方便,施工简单,造价也低。

鄂南地区现存的楔形石拱桥、块石拱桥、片石拱桥多为小跨径,起拱线都在溪底面上,矢高或矢跨比大多数超过二分之一。明清时期建桥,因经济实力低下,大多采取土牛拱胎建造。

堆筑土牛拱胎必须让水流通过,常用两种做法:一是用大砾石堆砌下层,让水流从石间缝隙中流过,多适用于冬季水量较少的溪渠处。二是在较宽溪流上,桥跨径较大时(如10m上下)可设三角形竹木涵让水流通过。填筑土牛要放边坡,通常10:7左右。在填筑的全过程中,工匠经常用目测、吊锤管理标杆,指挥填筑。采用沙砾石的土牛拱胎,将个大者放于边坡,进行人工整理。用土填筑的土牛拱胎,外墙是用农家筑土墙的工具和方法实施,两侧收坡墙的(台阶式)内芯用土分层加夯填筑。不论是沙砾石筑的,还是土筑的土牛拱胎,顶面下的厚度都改用三合土填筑,表面用泥搭,打至光滑、圆顺,每根标杆的端头是似露非露的。一般施工完成的土牛拱胎,在表面上要覆盖厚厚的草毡,让其自动沉压几天,当发现标杆露出时,说明沉实了,工匠就会填补。补填前将松一下表层,再补上。土牛拱胎的顶宽一般要大于桥拱砌体的实际宽度,每侧加放0.8~1.0m,以供砌筑时人员往来与运料的需要。

6.拱石划分

画出拱券弧线后,进行拱石划分。根据确定的拱石大小和厚度,按照拱券长度划分拱石数量。拱石一般不小于200mm,划分的同时考虑灰缝宽度。拱石必须等腰,高度也要求相等。

拱石编号是指拱石划分后,再进行编号。每层拱石先从拱脚至拱顶,按层次顺序编号,然后在每层中按上、中、下顺序编号。拱石以有无榫卯结构分为有铰和无铰两种,匠人模制要求制作,有铁质和木质两种。

7.备料

拱石选用时,通常需要符合抗压、抗冻、极限强度和吸水率等要求。因此,在鄂南地区常采用当地开采的花岗石、砂岩、石灰岩等石材,备料也严格遵循拱石的规格制作。一定跨度的拱桥,一般先要确定拱石的数量,再确定拱石的规格。鄂南当地乡野古桥的拱石规格包括:

(1)长度,为顺拱宽方向的尺寸,一般是拱石和灰缝长度的总和,如总长超出拱宽,可在个别拱石上加以调整。

(2)高度,为顺拱厚方向的尺寸,不能超过拱券设计厚度的2%。

(3)厚度,一般允许误差在5mm以内。

(4)平整度,拱券顶的拱石面、两侧砌挡墙的宽度内需纹面平整。上、下面的倾斜度不大于10mm。

(5)细度,石面通常选用平整度较佳,表面无大块突出部分或钻纹。

(6)缺角,规定靠近石板面的的缺角允许范围,一般不大于100mm。

(7)翘扭,允许误差一般不大于20mm。

(8)凹窝,允许误差一般不大于20mm。

鄂南地区传统石拱桥的建造,对拱石的石材质量要求相对较高。开采时,通常不会选用表层作为片石或料石。拱石的备料,也多采取相应的拱石开清处理,即当地人俗称的拱石开料和拱石清料处理。一般来说,拱石开料分为“开槽”“抬帮”“劈(开)石”三个步骤。开槽,通常是把整个岩石在盖山层挖去后,按照所需的石料大小、成条成排开采料石,包括平整岩层和挖凿槽口等工序。当整块岩石联结处打成槽口后,再采取抬帮的方法,照石料所需的厚度,在自由面上画出抬帮线,先錾成钎眼,插上钎子,使之劈裂。此时,在抬帮线以上的大块岩石,即与整个岩层脱离。最后用劈(开)石的方法,按照规定的大小,将脱离后的大块岩石开分成小块石料。由于拱券受轴心压力,因此,拱石开料时必须选择立纹破料方式,与普通料石的平纹出料方式不同。通常表面有干纹和水纹的石料,禁止使用;然而,不同颜色的花纹,不一定是水纹,此时,有经验的工匠师傅往往会顺纹敲击,如水纹裂开则不是水纹干缝,可放心选用;此外,同层、同排、同段的拱石也多在一处开采,以保证拱石纹理、材质、硬度的契合。而拱石的清料工序则包括放线截边和平凿线。通常是在取得开料后的石块基础上,予以取平、截直处理,打磨去不需要的部分,使各平面大致平整,錾平石面,再按规定的线条凿线。

8.桥墩、桥台砌筑

(1)石梁桥桥台营造技术

石柱墩台砌筑。石柱墩台是由两根或三四根石柱与上、下盖梁以榫卯结合组成的。鄂南当地的老工匠一般因下盖通常在水下,故称其为水磐,而上盖则称为天磐。石柱截面一般为近似正方形的长条柱状石构件。石排架厚度一般约为25~50cm,其竖直平面呈直形或上窄下宽的"八"字形。石柱墩属薄形墩。石柱桥台由石柱排架与条石或块石砌筑的人行石桥阶共同组成,两者紧贴,仅由排架承受石桥梁。条石砌筑是起稳定作用和延接道路的作用。如:咸安区马桥镇清代米筛畈桥为双柱直形石柱排架桥台,通城县塘湖镇清代圣人桥则采取的是双柱"八"字形石柱桥墩。

石板柱墩台砌筑。墩台的石板柱是扁平的石质构件。其横截面中,宽度大于或等于厚度的1.5倍。以石板为墩,因宽度大,制成五排架比石柱排架要牢,这是墩台技术的发展。如嘉鱼县官桥镇清代任家桥。

填腹石柱排架墩台砌筑。填腹石柱排架是石柱排架的石柱侧面凿出直槽,在两柱间隙构筑入横向垒合的填腹石,填腹石设置的榫头入两柱相对的槽内,至顶后安装天磐,天磐石设置的阴槽套入柱顶,这是石柱排架墩台向石壁墩台演进的中间形态。填腹石柱排架墩台优于石柱排架墩。由于整个墩台呈平顺的石壁,对天磐、水磐受载较好,只承压不承弯(见图4-36)。如:赤壁市清代神山大桥、通山县清代紫阳桥。

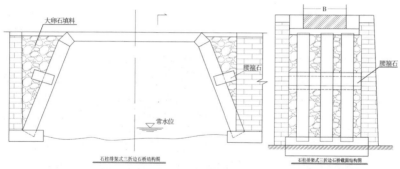

图 4 - 36　石柱排架式三折边石桥结构图及其截面结构图（张颖绘）

石柱壁墩台砌筑。即把截面厚度相同的多根石柱并排并实做墩台。柱根入水磐的嵌脚槽，柱端套入天磐的阴槽，设置在墩台的基石上便成了石柱墩台。因桥墩正面顺直成壁，故称石柱壁墩台，这是由石柱排架墩台改进而成的。如：通山县杨芳林乡清代驼背经桥、赤壁市清代张家湾桥。

石板壁墩台砌筑。通常用 2～4 块石板拼实直立成墩台，这是石柱式墩台的改进和创造。用石板组合成石壁，增加桥墩对船只冲撞的抵抗力，整体性比石柱墩好，因此，石板壁墩台在水网地区广为采用。在鄂南地区现存古桥中，咸安区官埠桥镇清代黄石桥、赤壁市清代龙王庙桥均为两板式石壁墩桥；通城县马港镇清代杨家桥、清代花苓桥等则采用的是三板式石板壁墩桥结构。

鄂南古代桥匠巧妙地将石梁桥的边孔石梁一端直接搁在条石砌筑的桥台上，稳定了条石桥，将石板壁桥墩的静不定结构变成了静定结构，从而克服了它的弱点（见图 4 - 37）。

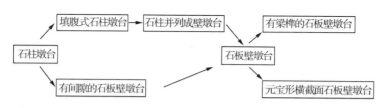

图 4 - 37　鄂南地区石梁墩台技术演进图（作者自绘）

（2）石拱桥桥墩砌筑

由于鄂南地区山地丘陵较多，其石拱桥的桥墩多采用实体平首墩或尖首墩，以增加桥梁自身的稳固性，如桂花镇的桂花桥。而在水网密集区，为减轻桥体自重，则采用薄墩结构方式。其中，三孔薄墩薄拱极为常见，如咸安区杨畈村的义录桥、通山县大路乡的犀港桥等。这些薄墩薄拱相接的部位最薄处仅为15cm,在广阔的水面上,这类拱桥更显高大隽秀之美,是鄂南现存乡野古桥的经典之作。在鄂南地区这类拱桥拱脚处总厚度一般在50～100cm,薄墩的拱脚相贴,可使桥墩的重量降低到极致。而多孔薄墩薄拱,又可分为数孔等高平齐式和高低孔对称的驼峰式。如:咸安区高桥镇清代孟家桥、三眼桥等均为三孔等高平齐式。

鄂南石拱桥的桥台有四种常见的结构形式:①平齐式,即桥拱与桥台驳岸平齐砌筑,如咸安区高桥的清代孟家桥;②凸出式,即桥台凸出于驳岸。此类桥梁在鄂南山林、阡陌地带较为常见,如通山县闯王镇清光绪佛堂新桥、万寿桥、白沙桥,咸安区大幕乡的清代坳下桥等;③补角式,即在凸出式的基础上,在桥台与驳岸的转角处砌筑补角驳岸,如咸安区桂花镇的清代柏墩下桥;④埠头式,这种在桥边有埠头的桥梁类型在鄂南水网密集区较为多见,如咸安区明代官埠桥等。

9. 石梁桥的石梁制作安装

石梁桥的石梁有多种形式。如简支梁、梁榫石梁、梁板组合石梁、伸臂石梁等。

简支梁。即可见有形石梁简单支架的结构。分为横截面的横宽大于梁高的和横截面的横宽等于或小于梁高的两种。后者多见于山区,如通城县麦市镇的清代兑臼塅桥(见图4-38)。

图4-38 通城县麦市镇的清代兑臼塅桥(作者自摄)

梁榫石梁。此类石梁搁置端梁厚一般约为5cm,且厚度小于净跨段,这是当地工匠有意凿制的,目的是使石梁榫头与墩台帽石扣牢,令整座桥变得更紧密。

梁板式组合石梁。通常将一座石梁桥的两条石板梁分置两侧形成边梁,中间空隙则会由多块横向的石板搁置在边梁上形成梁板式组合梁。这类梁板组合式石梁,又分为嵌入式和搁置式两种。如赤壁市陆水湖清代龙王庙桥为嵌入式,而马港镇杨泗桥村的钉铜山桥则为典型的搁置式。

伸臂石梁。其实各种类型的石梁均为具有梁桥跨越功能的部件。而伸臂石梁则是在桥墩台上架设多层递伸石梁,以体现跨越功能的部件。其伸臂部分和上置的整体石梁形成跨越功能的组合。从桥台、桥墩的角度,也可将伸臂石梁理解为伸臂式桥台、伸臂式桥墩的组成部分。伸臂石梁桥在鄂南通城地区极为常见,如:神人桥(见图4-39)水口庙桥等。

图4-39　通城县关刀镇的清代神人桥(作者自摄)

多跨石梁桥的梁跨间也可以有不同配置的技术,以及多种结构形式,这与现代简支梁结构技术较为接近,如:

石梁平桥。多孔石梁桥的梁端首尾相叠,可形成一档石阶的石梁平桥。如赤壁市新店镇的清代荷叶塘桥,通城县石南镇的清代双港桥。

各孔有高低变化的多孔石梁桥。有两跨以二、三档石级相连的。例如:通城县北港镇的清代永寿桥;有类似三孔石梁桥的中孔一端在墩上设一级石级,另一端在墩上设二级石级,与边孔相续。例如:通城县石南镇的上下二桥、赤壁市神山镇清代张家湾桥。还有拱梁组合模式的。例如：通山县清代驼背经桥的石梁部分，采用多档石级顺次下降的石梁，与桥体通水孔平梁相接。

两端边梁配有纵坡的三孔石梁桥。即三孔石梁桥的桥面呈现折边线形的。例如：通城县马港镇易墩村的清代花岺桥。

桥台原桥基所处的地势较低，而三孔石梁桥的两个边孔石梁落于低点，梁上设有石级，以连接可通航的中孔，使桥跨紧凑实用。如：通城县马港镇的清代新桥。

10. 拱桥拱券砌筑和构筑

拱桥的营造，常被分为砌筑和构筑两种方式。其中，砌筑方式，一般多为无铰砌筑，采用传统灰浆和干砌建造建筑物的方式。而构筑方式，则是采取有铰式建造拱桥的方式。通过实地调研发现，鄂南地区现存的石拱桥下端近水处，一般多会直接用粗壮的大块条石砌筑而成，而并非采取灰浆胶固的方式。这可能源于水修法致灰浆无法凝固的作用影响，故只能采取利用条石自身的重力挤压稳固桥身的方式加以营造。在鄂南，拱券砌筑通常指的是无铰拱营造法，而拱券构筑则是指有铰拱营造法。其拱券营造的程序则采取自下而上的方式顺次展开。

折边拱构筑：在鄂南地区尚有为数不多的折边拱桥，为五折边形拱券和七折边形拱券。其横向的条形石板，常被称为"链石"，多采取榫卯结构横向拼实，形成折边平面拱板。而在上、下拱板间设有倒梯形截面的为横系石，也被称为"锁石"。一般会在锁石上设榫孔，而在链石上设榫头，链石与锁石间结合成"铰"，互相套合组成折边拱券。因此，折边拱桥亦属多铰拱结构。鄂南地区现存的折边拱石桥基本均为链石与锁石结合的多铰拱结构。它们也是发展演化为半圆链锁拱桥和圆弧链锁拱桥的雏形。目前，在通山县尚存有折边为圆弧或悬链线形的折边拱桥，其折边之处仍有交角，未形成整弧，这是前两者的一种过渡类型。

圆弧拱砌筑：用砌筑方式营造的圆弧拱，通常有半圆拱、全圆拱、圆弧拱、尖形拱、椭圆形拱、悬链线拱等。与折边拱组合的原理一样，无非链锁结构的拱板由平直形变为圆弧形的了。由于桥拱的圆弧不同，分别构成全圆拱、半圆拱、小圆弧拱、大马蹄拱、椭圆拱、尖弧拱。唯独古悬链线拱桥未见有链锁结构的。基于鄂南地区现存古石桥分析，有铰的链锁结构圆弧拱砌筑方式，最早不会超过唐宋时期，建于唐宋时期以前的石桥采用的均是无铰拱结构营造法。这些无铰拱圆弧拱结构可分为以下四种类型：①整条石横置并列砌筑；②长条石横向并列，纵向错缝砌筑；③长方形小块块石横向并列，纵向错缝砌筑；④长条拱石横向并列，纵向分节砌筑。其中，有铰拱和无铰拱的拱石，均以每个部位的弧度要求凿制成型。至明清时期，链锁结构的圆弧拱桥构筑，已出现标准化生产的迹象，所需部件和构件多为事先加工好，到现场进行组装的。

链锁拱桥建造拱券的程序：

（1）掌墨（也称主墨）匠师根据建桥出资人前期拟定的建桥规模要求，如：桥长、桥宽、桥高、跨径等方面，在较为平整的场地上进行等比放样，以放样出待建桥梁的拱券、券脸石、拱眉的厚度，分出拱板段落，并确定链石、锁石、券脸石、拱眉的厚度、宽度、长度及其数量。

（2）木工再按照锁石、链石、券脸石、拱眉的位置关系、图样、尺寸等制作相应的样板，接下来掌墨匠师则按照它们各自的位置进行相关编码。比如：一座七链六锁的拱桥，其脚段拱板的链石命名为"链"字，然后依次上编。横向链石再加数字为序，"链1"至"链7"为券脸石。而锁石以地支为序。

（3）放样编序结束后，掌墨匠师将木样板送到相关的部件加工石场，交给凿制师傅。凿制师傅则将毛石料按木板加工成指定规格的石质桥部件。凿制前，发墨工作一般由掌墨匠师亲自实施，其将榫孔位置用墨线弹出，向凿制师傅交代制作要求，凿制完工后，桥部件则由掌墨匠师进行顺应编号，并送往架桥的场地有序堆放。

（4）掌墨匠师进行相关桥部件试拼工作，如有误差则进行调整修正。在进行相关薄拱券制作时，一般而言掌墨匠师要组织相关的墩台条石、块石砌筑工作。而当墩台砌出水面时则需要在顶面发墨，以凿制构筑拱板和长柱石的嵌脚槽。只有在长柱石与龙头石凿制完成后，才能进入拱券的构筑工序。

（5）搭设简单的拱券支架。例如：为三跨拱桥搭设相关支架，则要同时按孔位搭三个简单支架，并在岸边安装好人力绞磨。

（6）拆坝、拆围堰，使河道通水、通航。

　　（7）河道疏通后，可将拱券部件按顺序装船运到桥孔处安装。其安装作业是构筑拱券的关键工序。常在掌墨匠师的统一指导下，使用支架、滑轮、绳索等工具予以有序进行。各段拱板与锁石一般会事先靠在支架上，并在支架与链石、锁石间设有退拔榫，以为合龙成拱预做微调的准备。通常情况下会起吊升高部件用滑轮、绞磨、绳索平移就位，落榫时人力相助。整桥作业单孔桥一般仅需 1～2 天，而多孔桥的各孔脚段则按照链字号拱券先行安装，再装边拱，后装中间拱券的顺序，从下至上层层安装，往往 5～6 天则可完成大约三孔桥拱的安装。而榫卯结构带有较连接的链锁拱，由于其部件比块石大，一般不采取砌筑方式，而改用构筑方式进行榫卯预拼。这样即使在构筑中偶有不顺，也只需稍事修凿。

　　跨度超过 10m 的拱桥则必须分段砌筑。由于拱石增加，会导致拱架变形。因此，如果由两拱脚直接对称砌至拱顶，则拱架将向上拱起，拱券上突，大跨度时，拱券轴线会超出设计范围，拱内应力增加，设计强度降低，不符合设计要求。

　　刹尖封顶，也被称为压拱、尖拱技术，是石拱桥施工中砌筑成拱前的最后一道工序。但桥拱券石砌筑至拱顶时，通常会留下一条龙门口，需用尖拱技术进行相关合龙处理。其程序上一般需要在拱顶处预留出一合龙的空档，先插入两块尖板石，用楔形木尖大力楔入。待尖拱到一定程度时，再用一套相对较陡的尖板石靠近原尖点，用坡度更陡的木尖大力楔入，待第一套木尖松动时，再换另一套更为陡峭的尖板石和木尖，如此反复操作。当大力楔入时，全拱震动，等到两边拱石隆起即停止，并检查拱石是否有挤碎或滑动迹象，如若状况良好，即为砌拱成功，尖拱工序完成。而尖不起拱的拱券，则无法成拱，需要重新砌筑。

4.4.3　鄂南古桥的建筑材料

　　建筑材料是决定桥梁寿命的关键因素之一。鄂南石桥之所以能屹立于荆楚大地数百年之久，而且至今依然坚固如初，这其中最为重要的根源，恰恰在于其对建桥用料及其选料质量的重视。较之当下，动辄使用国内外最为时尚，却又未经实效性或耐用性考究的型材及其可持续发展的生态效能性而言，天然生成的优质石材，无疑更具有生于土、归于土的生态环保的推广价值。

鄂南地处横亘鄂、赣边陲的幕阜山北麓山地丘陵地带,有着丰富的石矿资源和较为特殊的石质条件。其自然面貌具有显著的山区特色,为变质岩和花岗岩构成的窟窿结构,属典型的断层山地形冰川地貌。区域内土壤为山地黄红壤土,黏粒矿物以高岭石为主,含量高达60%,该地区盛产石材,石料选择丰富。因此,鄂南地区石桥营造大多选用当地的石料。而一些隐没于山林、沟壑间的乡野古桥,更是直接就地取材,就近备料,也避免了山地、河道交通运输的不便。为保证桥梁的坚固耐用性,历代匠师在此开采石材,挑选的往往不仅是品质坚硬、成分纯粹的石料,还要求所选石料是同类中的上品。为了选到上乘的石料,当地采石匠师多选用石矿中位于岩石深处,且未经风化的岩心作为桥石主料,因而整个工程也会倍显艰辛。不仅如此,当地匠师还匠心独运、因地制宜地将残山剩水雕琢打扮成独特的自然景观,使其与山水、阡陌浑然一体,独具乡野韵味。

建桥除基本材料外,还会使用一些用于填缝平实、防蛀防腐的桐油、石灰等辅助材料。如:锡,主要用于浇填桥基、桥墩石缝;三合土、糯米浆、植物淀粉类材料,则主要用于石料粘接;此外,竹、木类材料也会在石桥建设中被广泛应用。例如,用松木作为桥柱、桥桩的材料使用,并辅以桐油予以防蛀,能起到"千年不烂水底松"的效果。

4.4.4　鄂南古桥构筑的榫卯结构技术

受元末明初"洪武大移民"和清初期社会动乱因素引发的江西籍移民迁居至湖广地区(今湖南、湖北两省)的移民活动,以及欧亚茶马古道文化传播的影响,鄂南地区传统古桥匠作技术不仅仅脱胎于湘、浙、赣的技艺文化,也根植于楚地山水的神韵,创造出了多种形式的榫卯结构。其石桥主要构件的砌筑大多采用料石干砌,拱券、桥墩、桥台及台后接线的挡土墙等重要部件的构筑都不用石灰砂浆类胶结材料。鄂南地区现存古桥梁建筑,虽多地处阡陌、郊野的荒野,却能历经百年而不坏,留存数量之多,其至关重要的一个原因正是匠师在构筑中,对一些关键部位构件间的结合处采取了榫卯结构,使古桥在自重与外载的作用下,构件间不能移位,达到整体受力的效果。鄂南地区古代造桥匠师经过数千年建桥技术经验的积累,使得古桥结合处榫卯结构的榫槽构件制作尺寸精确,技术精良,如平整度、顺直度等。极大地增加了桥跨的整体牢固度和耐风化能力。建桥工匠在料石构件间采用榫槽结合是从木结构构件间的榫槽结合套用而来的,套用本身就是创造性的应用。人们在古建筑的殿堂、广厦中常看到的石廊柱、石廊柱顶端与斗拱、大梁的结合就是榫槽结合,榫是石构件,而槽设在石柱顶端,相互结合不能位移,用以传递重力。桥跨的料石构件间互相结合榫槽,其结构构造在古籍中所载极少,即使在近代研究石桥的著述中,也不多见。

鄂南地区现存石桥榫槽结合的形式有以下几种:

1. 开口槽

对条石或石板的边缘向其内端凿制开设一个或两个矩形的口子,这种口子俗称开口槽。它常采取明结合的方式与相邻料石构件结合,如梁式桥除梁头(第一档踏步)外,其第二档踏步通常就设有开口槽,一般槽深大于或等于10cm,将三条相互并齐的石梁板夹卡在槽内,使其不能移位,以保持桥梁的宽度不变。例如:贺胜桥镇的清代汪家桥,其首档踏步与石梁面齐平,首档踏步的开口槽卡住了石梁厚度的上半部;而双溪镇大屋吴庄的麦湾桥和大幕乡上首村清代大屋湾桥,两座桥的第二档踏步槽口则紧紧卡着石梁厚度的下半部;嘉鱼县石鼓岭村的蜀湖桥则是在竖置的桥名板底部边缘设置了两个槽口,分别卡牢了顶拱板两侧的横系石,使系石间距不变,并通过桥名板传递内力成拱(见图4-40)。

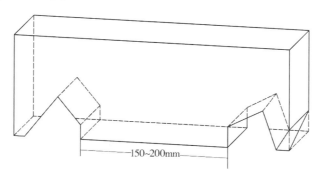

图4-40 左右端设开口槽示意图(张颖绘)

2. 嵌脚槽

通常设在天磐石、墩台水磐、基石,以及桥台石级两旁顺桥向的长条石(也叫随带石)上,将安装入内的构件(如安装栏柱、栏板、鼓石或石壁等)最低的小段围定在坑槽内,使之不移位的坑槽部件,俗称嵌脚槽。例如:在桥台的随带石上预安装栏杆、栏板和鼓石,则需要设置嵌脚槽,以便安装,并防止它们位移。而在大板构筑的空箱式桥台底板上,设置四周环形的嵌脚槽,可便于安装侧板和横板。此外,在石壁式和石柱式墩台的下盖梁处设嵌脚槽,则可以有效防止石壁、石柱位移(见图4-41)。

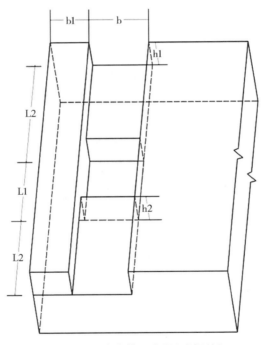

图 4-41 嵌脚槽示意图(张颖绘)

3. 墩台天磐石的阴槽

因石桥中墩台帽对着天,常被老石匠称为天磐。与之相反,面墩台的基石一般设置在密植木桩的基础之上,而石柱、石壁墩台的下盖梁则置于基石之上,且均位于水下,则被称为水磐。天磐的上表面能见到太阳的面俗称阳面;反之,则谓之阴面,因此,凿制在阴面上的槽,即为阴槽。一般石柱式或石壁式墩台的天磐均设有阴槽,而天磐则安装在石壁或石柱的顶端,使其顶端入槽,既可起到固定石柱间距的作用,又能防止石壁、石柱顶端位移。如汀泗桥镇清代戴家桥(见图4-42)。

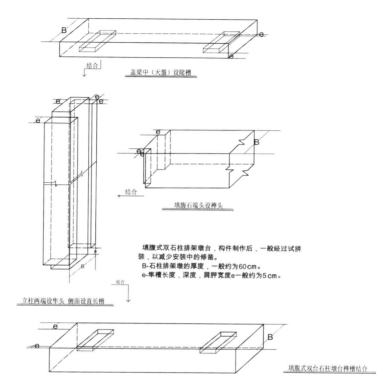

图4-42 填腹式双石柱墩台榫槽结合示意图(张颖绘)

4. 整长止口槽

条石棱线处凿去一个小矩形呈截面形状,常称为止口。把凿去的小矩形截面延续至条石长向的全部,即为整长止口槽(见图4-43)。通城县马港镇花岑桥的桥名板,其两端安装在桥台的嵌脚槽处,而桥名板与石梁的结合处则设有整长止口槽,使桥名板的部分自重传递给边石梁;桂花镇刘祠村狮塘桥是梁板式石梁桥,其上部梁板呈横截面,而整长止口槽凿在石梁上成了板的搁置点(见图4-44)。

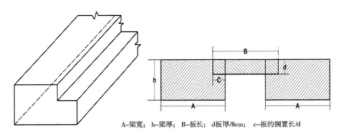

A—梁宽; h—梁厚; B—板长; d板厚/8cm; c—板的搁置长/d

图 4 – 43 整长止口槽示意图（张颖绘）

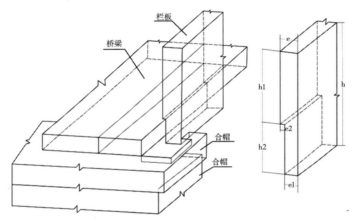

图 4 – 44 栏板（桥名板）与石梁结合的整长止口槽（张颖绘）

5. 空箱式桥台构造中的槽结合

空箱式桥台是从石廓结构套用到桥跨的。空箱式桥台石梁桥均为单跨，其桥台一般用大板构筑。石桥工匠常将长度约 2.0m、宽 1～2m、厚度 8～12cm 的石料称为大板，桥台后至岸边均有一段接线，这段都是用大板构筑的延续空箱（见图 4－45）。其中，嘉鱼县官桥镇的清代任家桥最具代表性。此桥一段桥台与接线是以 6 块大板组成的六面体空箱为单元的。空箱单元的横截面，侧板抑或旁板的两端插入横板（丁板）上所凿制的竖直槽内。空箱旁板（或侧板）和横（或丁板）组成箱框，其下端入底板的嵌脚槽，上端入盖板的阴槽内，组成严实的空箱单元。此桥中一端桥台与台后接线就采用空箱单元，上下叠接，前后延长组成，通常一座桥有三四层空箱，叠接时底层空箱的盖板是上层空箱的底板，故可以省去一层底（盖）板，延长时可以省去一块横（丁）

板,聪明的石匠在配料时多会改变单元的顺桥长度使横板(丁板)上下层错开。这类桥就靠多种槽结合达到坚固耐用又省料的效果,可谓鄂南人民经验与智慧的体现。

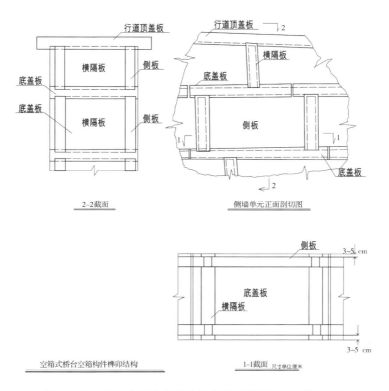

2-2截面　　　　　　　侧墙单元正面剖切图

空箱式桥台空箱构件榫卯结构　　　1-1截面 尺寸单位厘米

图 4 – 45　空箱式桥台空箱构件榫卯结构示意图(张颖绘)

6. 空箱式桥台竖直棱线处的结合

大板构筑的空箱式桥台,多在桥孔左右各有一条竖直棱线,棱线处如采用空箱横(丁)板的槽结合很容易被通过桥孔的船撞击导致坏损。因此,现存的空箱式桥台石桥,均采用竖直棱线处横(丁)板和旁侧板结合的构造。而对角双斜面的结合,则有效避免了船只通过桥孔时擦碰对空箱式桥台正面横(丁)板的损坏(见图 4 – 46)。

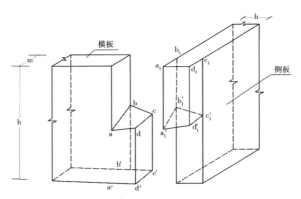

图 4 - 46　空箱式桥台榫结合结构图(张颖绘)

7. 舌榫结合

　　舌榫,因榫孔有点像人的嘴部,而榫头近似舌部,故而称之。舌榫的结合常用于随带石的增长续接,常设在两条石的端头。又因随带石位于桥台踏步档的两侧且有坡度,所以榫头与榫孔呈现倒梯形,安装时必须从上而下,并用橡皮锤敲击,谓之落榫。舌榫一旦结合完成,即使把两条石抬起,也很难将贴合密切的舌榫结合处无破损拆离(见图 4 - 47)。

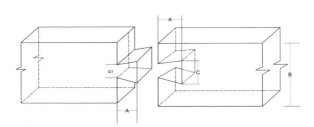

图 4 - 47　舌榫结构示意图(张颖绘)

8. 抽屉榫与榫孔的结合

　　抽屉榫通常是用在桥栏柱与鼓石、栏柱与栏板的结合处。与舌榫不同,因其榫孔与榫头分别设置在两石构件的末端,可轻易地如书桌的抽屉般推入、拉出而得名。一般在石桥的栏板或鼓石端设榫头,而在桥栏柱处设榫孔。榫孔的深度多为构件厚度的 $\frac{1}{5} \sim \frac{1}{4}$,而榫头的尺寸,则与榫孔相比略小,榫头突出的长度往往比榫孔深度少一分,这样才便于安装。在鄂南当地,老石匠称这种榫结合为半榫结合,一般榫孔结合完成后,外表几乎看不见,属于暗结合(见图4-48)。

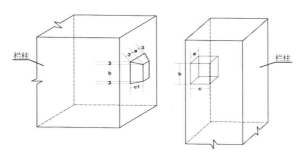

图4-48　桥栏构件间抽屉榫榫孔结构示意图(张颖绘)

9.T形截面栏柱与栏板的结合

横沟镇鹿过村的清代樊基桥因其桥栏柱矩形截面两侧设置了安装栏板的直槽而呈"T"形。其栏柱插入桥体墩台帽嵌脚槽的小段且仍为矩形,深度大于或等于10cm,栏柱的"T"形截面上的两翼将桥栏板紧紧卡住,也使得桥栏板更加牢固。如此设计,可谓匠心独运,较之前述抽屉榫的结合方式,显然更为坚实耐用些(见图4-49)。

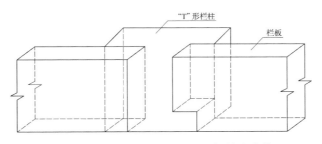

图4-49　"T"形截面栏柱与栏板的大直槽

10.梁榫和墩台的结合

梁端设榫,可见于通城县石南镇清代螺蛳咀桥。该桥为四孔五墩石梁桥,桥墩用石块垒砌而成。其石梁(每跨两条)搁置端厚度小于石梁厚度2~3cm,低于帽石顶平面2~3cm,并紧卡墩台帽形成梁榫结构。通常石壁墩的墩身体积较小,较实体砌筑墩略显单薄。而其顺桥向的一端往往稳定性较差,但经过梁榫的紧实,其桥跨的纵向稳定性得以大大增强,耐久性得以延长。其次,就其石梁横截面跨中梁高大于搁置点的梁高而言,如同房屋建筑中的鱼腹式梁,接近自重引起的梁内弯矩曲线图形,具有科学性。据实地考证,螺蛳咀桥的四跨梁均设"梁榫",这无疑是鄂南石匠艺人的刻意之作。就其科学性而言,较之无梁榫的墩壁石梁桥前进了一大步(见图4-50)。

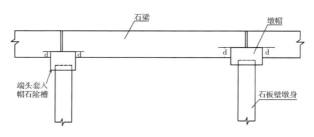

图4-50 石梁桥结构示意图(张颖绘)

11.实体式墩台竖直棱线处的平面榫结合

平面榫结合是因为顺桥向侧墙(俗称金刚墙)条石与桥台正面墙条石在棱线处互相叠合,接触的一小段很像榫头,它的构造和设置是鄂南当地工匠从实践中积累而来。

当船只经过桥孔时或许不可避免会发生撞击或擦碰墩台的事情,条石砌筑层层压实的墩台棱线结合面在没有平面榫设置时,常在大小不同的冲击多次作用下产生位移,位移扩大直至条石的一端离阻止开母体,甚至整块条石跌落河水中,也会危及墩台和行船的安全。为了阻止此现象的产生,鄂南当地石匠创造了棱角处结合面的平面榫结合(见图4-51)。现存的条石砌筑的实体墩台棱线处设有平面榫结构的桥跨实例有:咸宁市横沟镇清代枫树下桥等。而通城县五里镇隽水河上游磨桥的棱线处条石结合面的平面榫结合又有了很大改进,更加牢实抗击。该桥建于清代,由28个船形桥墩和27段桥板组成,全长190m,高4.5m,桥台至今完整如初,棱线处的条石结合面的平面榫结合功不可没。

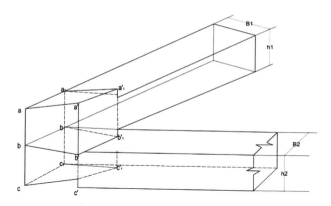

图 4 - 51 实体式墩台竖直棱线处平面榫结合示意图（张颖绘）

12. 丁石的狗项颈结合

石桥的桥台侧墙和台后接线处的挡土墙,通常是由条丁石顺势砌筑的连续墙,每层条石的竖缝错位,匠师为使左右墙间距(即横桥宽度)不变,在一端的丁石安置有长丁石,长丁石的端头露出墙面 3 ~ 5cm,并凿制狗项颈,使其缩颈。砌筑中的某个位置安砌了两端设有狗项缩颈的长丁石,起到了保证两面墙间距不变的作用。尽管这种长丁石越多效果就越好,但这种带有狗颈缩颈的长丁石工艺相对复杂,也不是每座桥都有的,即使有也会是相对少量的。如咸安区永安桥桥台后侧墙上的长丁石,突出墙面 3 ~ 5cm,把上、下、左、右四条条石关紧,使其不移位(见图 4 - 52)。

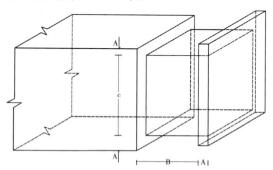

图 4 - 52 丁石的狗项颈结合结构示意图（张颖绘）

13.链锁拱石桥中锁石(横系石)和链石(拱板)间榫结合

链锁拱石桥的拱券一般由锁石和链石组成,而折边拱石桥的拱券则由横系石与拱板组成。锁石与链石、横系石与拱板间都设有榫结合。以拱券的受力体系而言,都属于多铰拱。多铰拱的铰其实就是锁石和横系石。锁石与链石的榫结合属于暗榫结合,也是抽屉榫结合,不过锁石与链石榫结合好了以后,也就成了拱,与栏柱与栏板的抽屉榫结合不同,除非桥倒塌,否则很难分开(见图4-53)。

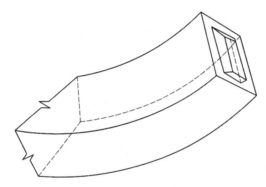

图4-53 链石结构示意图(张颖绘)

14.栏柱和石梁间的槽结合

石梁桥的栏柱安装在墩台帽的嵌脚槽孔内,紧贴边梁的外侧,并将石梁限定在两侧栏柱的净宽内,以防止石梁的横向移动。贺胜桥镇汪家桥与横沟镇枫树下桥,不设扶栏,鄂南当地的工匠则使用矮柱来防止石梁移位。如清光绪浙船桥的栏柱却在边梁侧结合的部位设置槽口,其意欲何为呢？或许一方面是为了更好地防止石梁移动;另一方面是为了钳制石梁头上翘,使上部构造更严谨。而汪家桥不设扶栏,采用设槽的矮柱,同样在栏柱与石梁的结合面设槽,槽的扣合使上部构造更严实。

说到石桥的砌筑,实际上构筑及其相关技术手段显得尤为重要。在鄂南地区,石桥的墩、台、梁、拱、栏均为料石或条石构件砌筑,相互结合不使用任何胶结材料,将槽榫结合用于石桥的构筑环节,需要建桥的造桥匠师们统筹每个细部构造,榫槽凿制,精工细作,安装有序,尺寸精确到位。如若不然,安装时便会出现部件错位、无法合拢、桥梁不牢固等问题。榫槽结合技术手段，是随着社会经济的发展而产生、优化的。其脱胎演化于传统皖、赣木作技术，却又被当地工匠巧妙地运用于石桥营造技术之中，并不断演化发展为多种形式的结合构筑形式。虽然，这些技术是否为鄂南当地工匠所独创或已无从考证，但不可否认的是，正是因为这些严谨的构筑技术及施工工序，强化了鄂南地区石桥结构的整体性，并延长了当地乡野古桥的使用寿命。而这些仍然屹立于荆楚大地的一座座古桥，无疑也昭示了鄂南当地匠师精湛的造桥技艺与智慧。

4.5　鄂南古桥的装饰手法

从古至今，鄂南古桥梁建筑在当地人的心中都占据着极为重要的地位。无论是其桥梁建筑的造型、结构，还是装饰细节，都集中体现了鄂南当地人独特的审美情趣，突显了当地匠人卓越的智慧与技艺，也展现了其精湛的桥梁装饰艺术水准。并能在建造时恰如其分地将质朴秀美与简洁灵动的地域装饰特色和谐统一于鄂南桥梁装饰艺术的整体中，深刻地传达与反映出鄂南人民淳朴灵动的乡野情趣。

鄂南地区现存古桥梁装饰手法简洁而灵动。多采用简洁明快的线条，同时强调丰富灵动的变化，具有强烈的艺术表现力，力求从变化中传达出不同的文化内涵。以鄂南古桥桥面顶盘石纹饰为例，其结构形式主要随纹饰内容而变化，无论是运用了对称、放射，还是交叉等构成形式，最终依然会保持以圆为主的纹饰图案（见表4-4）。如：鄂南地区赤壁市万安桥桥面顶盘石纹饰，以莲花为主题元素，由一个中心呈发散状的圆心予以组织构成，由此圆心发散的曲线幻化为数十个层级叠加的如意，整体构成一个形似玉盘的荷叶，如同含苞待放的莲花，构思极为巧妙。该莲花旋水如意图纹恰与万安桥名相映，以福佑过往路人。此外，在鄂南众多桥梁的抱鼓石上，也常见这类雕刻简洁、灵动而又富于变化的特色装饰手法。

表4-4　鄂南地区古桥梁装饰图案列表（肖雪绘制）

序号	图案	特点
1		该莲心旋水如意图纹，在鄂南古桥的各类装饰图纹中最为常见，寓意福佑平安，万事如意。
2		蝙蝠和莲花在中国传统图案中，分别寓意福气与吉祥，也是鄂南古桥装饰中常用的图纹，类似的还有宝瓶、八卦、祥云、飞鹤等。
3		该图纹如玉盘，似祥云，形如含苞待放的莲花，寓意吉祥如意。
4		这类轮回图案，是一种关于人生死轮回的告诫，提醒信众要遏恶扬善、广积功德，具有一定的教化作用。
5		这是鄂南古桥中一种极为特殊的纹样样式，常见于当地寺庙门前的桥梁上，寓意广开善门、紧关恶门。
6		纯正的佛教莲花图案烙印于古桥上，是鄂南先民们倡导积阴德、扬善果、广布施的表达。

　　质朴秀美，也是鄂南古桥梁建筑装饰的另一典型特征。这类装饰手法主要源自当地原生材料的质感运用与时间的洗礼，以及自然的青山、秀水、动植物等元素灵动再现，是鄂南当地人淳朴婉约个性的表达。这些装饰图案，多集中表现于桥梁的望柱、栏板、梁柱等重要的位置，装饰图案大多以动植物为主，动物一般用龙、狮子等，植物一般用牡丹、莲花等。鄂南的古桥装饰中除了常见的浮雕以外还出现浅雕、深雕、镂雕等精湛的雕刻手法。

4.5.1 鄂南古桥的桥头装饰

根植于楚地山水神韵,脱胎于湘、浙、赣技艺文化传承的鄂南古桥,其建筑技艺集中反映了我国长江中下游地区砖石建筑的技术特点,其建筑风格既具有典型徽派的建筑特色,又不失江浙传统建筑"小桥流水人家"的轻盈与雅致。青砖、黛瓦、白墙等比比皆是,其中,尤以鄂南的廊桥最为典型。与江南水乡的古桥梁建筑喜好轻盈通透的特点不同,鄂南的明清廊桥两端均各有一面封火山墙,因形似马头,也常被成为"马头墙"(见图4-54)。由于鄂南的廊桥多为砖木结构,古时桥梁也常被往来过客或是流民临时借宿、歇息,甚至是小商贩经营贸易之所,乐善好施的当地居民更有在桥上搭台烧水,免费施予路人之民风善举,而在此建造封火山墙,顾名思义主要是防火、挡风之功效,避免处于村口、镇中的古桥因火灾而殃及乡邻。

图4-54 咸安区清代万寿桥桥头装饰(作者自摄)

在鄂南古桥的马头墙檐砖上,常覆以小青瓦,并在每只垛头顶端安装搏风板(金花板),其上安排各种"座头",也即"马头"。有"鹊尾式""印斗式""坐吻式"等数种,从而使古桥呈现出一种动态的美感。在古代,马可称得上是吉祥物,寓意"一马当先""马到成功",也显示了淳朴的鄂南人对于背井离乡的商客寄语"腾达"的良好愿景。这也许是当地古桥设计者为古桥平添"马头墙"的原因之一吧。这些高低错落的马头墙,一般为两叠或三叠式,错落有致,与青砖黛瓦、屋宇延绵的古镇交相辉映,给人一种"万马奔腾"的动感,也寄予了鄂南人对这块沃土"生气勃勃""兴旺发达"的美好愿望(见图4－54～图4－58)。

图4－55　咸安区清代高桥桥头装饰(作者自摄)　图4－56　咸安区宋代汀泗桥桥头装饰(作者自摄)

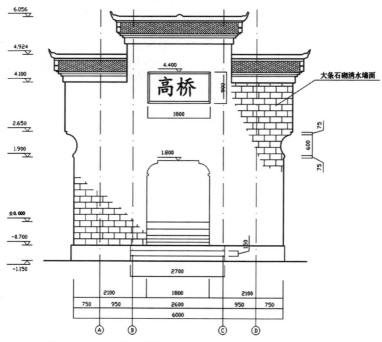

图4－57　咸安区清代高桥桥头装饰立面图(王怡清绘)

图 4－58　咸安区明代白沙桥的马头墙装饰（作者自摄）

4.5.2　鄂南古桥的桥身装饰

经过装饰的鄂南古桥桥身，其目的不仅仅是装饰，同时也是鄂南当地人对于美好生活的良好祝愿与期盼。装饰图案类型主要分为传统动植物类、吉祥寓意类、宗教符号类和人物故事类。这些桥身装饰图案常随形就势地直接雕刻于桥身型材的块面之上，不仅充分展示了鄂南民间石作匠师精湛的技艺，同时也传递着鄂南当地的人文历史信息。这类石作装饰题材在传承中国传统祥瑞图纹、图样的基础上，较之于江浙地区古桥桥身石作则更显简洁，更具淳朴的乡土气息。常见于当地风俗、教化流传性故事的题材和内容，具有鲜明的地域特色。有时也会依据桥梁的周边环境特点，对题材及内容予以特定的选择与设计。如：位于崇阳县东堡河上的平安桥，为清代三孔薄墩石梁桥，桥长21m，宽2.4m，桥身、桥墩均由当地石材砌筑而成，桥面则采用四整块方形条石并置铺筑。其桥体侧面桥身处分别围绕《青龙止水》《鹿过报恩》《贺寿延年》等当地耳熟能详的桥梁故事题材，将鹤、鹿、莲花等传统动物、植物、人物纹样栩栩如生地雕刻于桥身之上，充分彰显了鄂南当地古桥的人文艺术内涵（见图 4－59）。

图 4 - 59 鄂南地区清代石梁桥桥身装饰(作者自摄)

4.5.3 鄂南古桥的桥栏望柱装饰

桥栏,通常是在桥面上为防止人或物坠落而起围隔阻拦作用的保护性设施。桥栏结构简单,不遮挡视线,高度一般为0.5~0.6m。鄂南古桥梁的桥栏多为石制,也有少部分为木制。中国传统桥栏可分为长石条型、石板石条型和望柱石条型三类。在鄂南,古桥桥栏以长石条型和望柱石条型为主,其中又以望柱石条型最为多见。鄂南的桥栏望柱通常也是长石条型,柱头多为方型,也可见少量圆型、圆柱或桃型等,并用线刻的方式于柱头上雕刻出主题纹案。其桥栏望柱身上的纹样同样也很丰富,常见有卷草、祥云、荷花、如意等题材的吉祥图案,采用平雕或浅雕刻的手法,使得这些古桥建筑的装饰细节更为丰富,且更具活力。例如:赤壁市万安桥的桥栏长2.53m,高0.54m,属石板石条型。其护栏设置于桥孔顶部,由6对方身圆头型栏柱组成。其柱身长0.25m,高约0.7m,柱头长0.28m,高0.2m,整个桥栏的装饰以祥云纹和菱格纹装饰为主,大方典雅。

4.5.4 鄂南古桥的桥碑装饰

碑记,是我国古代一种传统的文字记录方式,常见于石板、石碑或石柱上篆刻记录人物、事件等相关的记载性文字内容或文体。碑记最早出现于我国秦代,当时被称为刻石,也曾用木材作为碑记的材料,但直到汉代才被称为碑,材料也由此改为石材。至东汉后期,石碑的用途也逐渐广泛,文体、内容也日益丰富,因此,桥梁碑记的形式也逐渐出现,并广泛地运用于桥梁建造活动及其相关捐资人、募集人、桥梁修建者、修建时间、修建原因等方面的详实记录,是我国桥梁建筑珍贵的历史"档案"。

在我国,桥碑主要由桥首、桥身和桥座三部分构成。其中,桥首主要用于桥名的镌刻,多邀请当地名人题词或书法摹刻,具有一定的装饰作用。桥身,则主要刻录一些相关桥梁修建时间、人物、事件的碑文信息,具有桥梁纪事、说明等作用。而桥座,则主要是对桥碑起装饰承载的作用,多以动植物等为雕饰素材。在鄂南,建桥既是一件利国利民的大事,也是一种积德行善的功德。因此,在当地桥梁建成后多会树立桥碑,以令后世铭记桥史,传颂功德事迹。尽管由于岁月的变迁,这些桥碑多已毁损或遗失,而修桥的功德却永远铭记于心。鄂南桥碑的用料主要是当地胜产的青石,整体造型偏于厚重,基座上往往会雕饰有莲花、藤蔓、祥云、浪花等装饰纹样。碑身上文笔苍劲有力,记录详实。如:咸安区清代高桥桥头功德碑上,小篆笔锋下深深镌刻下每一笔捐资人,西侧的桥首则刻有"同治八年——我泉"的碑文依旧醒目,是造桥人的历史见证(见图4-60)。

图4-60 咸安区清代高桥桥首的石碑(作者自摄)

4.5.5 鄂南古桥的抱鼓石装饰

抱鼓石,又可称为石鼓、门鼓、石镜等,是一种形似圆鼓的门枕石构件。在我国古代,抱鼓石常被用于宅院入口,或是寺庙、牌坊等建筑前的夹杆石座上,多由鼓身及须弥座组成,具有一定的辟邪、祈福及稳固楼柱的象征与作用。在古代,为了充分体现出这类石头的灵动性,当地工匠们常会于鼓面浮雕一些狮子、蝙蝠或螺旋曲线等构成的四狮同堂、五蝠临门等图案,谐音四世同堂、五福临门等,尽显宅邸或建筑场域的神圣威严。其鼓座同样会选用浮雕方式，雕刻一些牡丹、芙蓉，并运用祥云纹、卷草纹、如意纹等纹样，寓意花开富贵、如意吉祥。因此可以说，抱鼓石既是我国传统古建中的一种石制构件，也是我国古代石雕艺术的一种艺术形式，展现了我国传统古建的一种人文艺术精神。

　　正是由于抱鼓石所具有的楼柱稳固功能及其辟邪、祈福的象征性装饰寓意，其被广泛应用于我国的古桥建筑中，以起到加固桥栏、装饰桥身的作用。在鄂南，抱鼓石装饰构件常被置放于桥体首、末端的桥栏边缘，其雕刻手法少见于浮雕手法，常见于线刻方式，造型用线相对流畅舒展，曲折有序，变化多端。但与我国传统宅院、牌坊等建筑物前的抱鼓石不同的是，受其桥梁空间尺度的影响，鄂南古桥的鼓石造型相对简单，雕刻纹样题材内容单一，缺乏明显的变化。然而，经研究调查发现，在鄂南地区现存古桥中，那些隐没于山林或田埂间的古桥基本少有抱鼓石构件，而多见于城居、商贸密集环境中的桥梁上。其中，年代越久远的古桥梁建筑抱鼓石的装饰手法和造型越显精细，尽管它们中的有些经过岁月的洗礼或是被重新修建过，已很难真正辨别其原貌，但依稀可见的高、浅浮雕工艺，也足以判断其往昔的荣光。例如：赤壁市万安桥、白沙桥等桥头抱鼓石。然而，或许是因为传统雕饰技艺的失传，抑或是造桥匠师审美观念的变化，时至今日，鄂南桥头的抱鼓石栏早已失去了往昔的装饰作用，只有平留下结构上的遗憾了（见图4-61、图4-62）。

图4-61　赤壁市万安桥桥头抱鼓石装饰（作者自摄）　　图4-62　咸安区温泉桥桥头抱鼓石装饰（作者自摄）

4.5.6　鄂南古桥的桥墩装饰

桥墩,在鄂南当地被俗称为"凤凰台",位于桥梁的中部,常出现于两孔及以上的多孔桥梁下端近水处,主要起承载和支撑桥梁相邻两跨上部结构或建筑物的作用。鄂南古桥桥墩形式种类多样,建造过程烦琐,一般以长方形或者舟形为主,但建造时也会随桥梁所在的地理位置,进行适度的造型调整,常见于平首实体墩、尖首实体墩、箱式石墩、叠箱石墩四种类型(详见表4-5);此外,也可依据桥墩的造型将其分为构架式桥墩、重力式桥墩、"V"型桥墩、"X"型桥墩、"Y"型桥墩、柱式桥墩及双柱式桥墩等多种结构类型。一般而言,桥墩主要由桥基、墩身和墩帽三部分构成。在鄂南,为保障桥梁使用的坚固性与耐久性,减少洪水、漂木、泥石流等水流杂物对桥墩的冲击影响,常将桥墩修建得较为结实、厚重,但不笨重,且少装饰,以避免产生裂纹,影响其安全性。

表4-5　咸宁市古桥桥墩形式平面及特征(肖雪绘制)

桥墩形式	平面图例	特征
平首实体墩		形体厚重,稳固结实,但相对来说更耗费石料。
尖首实体墩		形体厚重,稳固,较之平首实体墩,更显轻薄,且尖首处便于减缓水流冲击,更利于分流水源。
箱式石墩		一般适用于水流流速缓慢的地方,较为节省石料。
叠箱石墩		一般适用于水流流速缓慢的地方,相对节省石料。

话虽如此,但在独具特色的鄂南地区古桥梁建筑中也会有着较为特殊的桥墩装饰的个例。例如,位于鄂南赤壁市新店镇老街以南的万安桥,又名过河桥。据清同治五年(1866年)年《蒲圻县志》载,该桥曾名为永安桥,清道光

丁丑年由曾永清倡修。桥体连接湖北省赤壁市与湖南省临湘市滩头镇,呈南北向横跨潘河,石板结构,桥面宽2m,墩高7~9m,桥中间共设7个桥墩,均为青石块垒砌,桥墩两侧有锥形分水岭,墩距约15m。由于连接湖南、湖北两省的特殊地理区位关系,该桥自新店镇方向数起第五个桥墩上雕刻有一个龙头,头朝南方。以龙头为界标方位,龙头以东是湖北省赤壁市新店镇,以西则是湖南省临湘市坦渡镇(见图4-63)。

图4-63　赤壁市万安桥桥墩龙头雕刻纹饰(作者自摄)

此外,在通城县、嘉鱼县一带,墩身上部分多会设计成伸臂结构,且尖首上端会做成明显的舟艇上翘状,形似一叶叶小舟或元宝(见图4-64),其目的一方面是增加桥梁的跨度,另一方面也是当地人对于"轻舟一页云端去,平步青云元宝来"的美好生活愿景与造型装饰寓意,如:通城县五里镇的磨桥、麦市镇的福寿桥等。

图4-64　通城县清代五里镇磨桥桥墩(作者自摄)

4.5.7 鄂南古桥的附加装饰

1.鄂南古桥的桥台装饰

桥台,是桥梁两端的基座,与河道两岸的桥岸面相连,主要是为了承载桥梁上部的结构和分担桥头所承受的压力。与前述桥墩不同,木石梁桥或拱桥不论孔数多少均必须有桥台,但单孔桥梁一般只有桥台却没有桥墩。此外,一般古桥桥台除了具有分担、承载的功能外,还能起到稳定桥头的作用,并使桥头两端的道路与桥身来往线路保持连接贯通。根据鄂南当地相关桥记史料统计梳理,桥台的建造高度一般不超过10m,但也有少部分会因桥基环境因素建造到10m以上。如:崇阳县清代福星桥等。如同桥墩,为防止桥台、桥基渗水坍塌,鄂南地区乡野古桥的桥台一般少有装饰,形式也较为简单传统,常见于平齐型、突出型和补角型三种(详见表4-6),并与古桥自身的建造方式和形状保持一致。在建造技术上,桥台及其附近路基的营造也十分讲究。通常为了使桥台及路基稳固,避免台基因碰撞错位,桥台多会选用较为粗壮的整块条形石堆砌而成,而路基则在选用整块条石砌筑的同时,采用砂砾、石渣等防渗水性较好的材料填充,以达到台基稳固、防滑、防渗水之目的。

表4-6 咸宁市古桥桥台形式及其特征(王宪舟绘制)

类型	特点	优势	弊端
平齐型	桥梁的台面与河道两岸的桥岸面平齐;此外,单孔拱(梁)桥的跨度与河道的宽度相同。	桥孔不阻碍河流流向及其流速。	只适用于河床宽度较窄的河道,桥梁的跨度也受到了一定的限制。
突出型	桥梁的台面突出于桥河道两岸的桥岸面。	一定限度上增大了桥梁的跨度。	束缚了河床,导致河水流速加快,增大了水流对桥台的冲刷压力,同时会加大船只对台基碰撞的风险。
补角型	为解决突出型桥台所面临的船只碰撞和水流冲刷隐患,而进行的桥台优化设计。	在突出的桥台和桥岸之间增加了一段"补角斜堤",一定限度上加固了桥台,增大了桥梁的跨度,并形成导流面,弱化了水流冲刷对台基的影响。	补角形成的缝隙较大,如若处理不当,会加大台基渗水的风险。此外,对石料的耗损相对较多。

2.鄂南古桥的桥额装饰

桥额，又称桥上匾额，是一种直接雕刻于桥栏、桥面石或梁石外侧的桥梁匾额，但又不同于传统古建筑上的匾额。传统古建筑上的匾额多悬挂于传统古建的大门或屏扇之上，抑或是大梁或屋檐之下，且多为题有书法、文字的方形牌匾。而桥额则一般直接篆刻于桥石之上，桥额形状则因桥身外侧桥石造型而异。此外，即使在我国古代匾和额在形式与内容上也有所差异。古人常将其横向悬挂，用来颂扬经义，表达感情之类的，称之为匾，并将其竖向摆放，用以阐释建筑物名称和性质之类的，称之为额。而桥额与其不同之处在于，桥额如同桥梁的"姓名牌"或"出生证"，其上一般常会以平雕或浮雕桥名，有时也会在旁边或另一侧桥额落款相关桥梁修建年月、建造者及题书人的人名等信息。因此，桥额有时也犹如桥联（楹联），既能以其书法、题刻艺术形式为桥梁古建增添画龙点睛的绝妙效果，同时，其相关的信息标注也为古桥的研究提供了一定的依据。在鄂南，古桥的桥额一般都会有两块，分别雕饰于桥梁的两侧，以桥名为主，且两侧内容相同，俗称"一桥一额"。但也有特殊的情况，即桥梁两侧桥额文字内容不一，如一侧为桥名，另一侧则为形容桥梁形态或祈福平安的题文等，俗称为"一桥两额"。例如：通山县清代楼下内石桥的桥额即为典型的"一桥两额"做法。其桥身中部南北两侧桥额处分别刻有卷草纹饰桥名及"大清乾隆十四己巳岁众修"字样的修桥年款（见图4－65）。文字精练，隽永含蓄，既为点景言情的神来之妙笔，同时，也为这座古桥悠久的历史提供了苍劲而深刻的依据。

图4－65　通山县清乾隆楼下内石桥桥额装饰（作者自摄）

3.鄂南古桥的桥耳装饰

桥耳,俗称长系石,也称天磐石、长系梁。形如桥梁两侧的耳朵,贯穿于桥体,以固定拱券,延长桥梁的使用寿命。在鄂南,桥耳两端多设有榫卯结构,常两侧伸出于桥体 40 ~ 60cm,并采用高浮雕的手法,在桥耳侧端雕刻植物、花卉、祥云、瑞兽等具有吉祥寓意的图案或纹样,不仅美化了桥梁,也寄托着当地人对于风调雨顺愿景的期盼,彰显了鄂南乡土文化特色的内涵(见图 4 – 66)。鄂南古桥的桥耳石材用料质朴而沧桑,造型简洁而饱满,图纹层次清晰而细腻,雕饰线条流畅而舒展,尽显鄂南乡野古桥秀美的人文韵味。

图 4 – 66　咸安区清代温泉桥桥耳装饰(作者自摄)

4.6　小结

本章以鄂南地区现存古桥梁建筑的艺术特色分析为核心,通过对鄂南现存古桥梁建筑营造技艺的特点、不同时期审美理念的差异及其与地域人文融合的艺术表现等方面分析、对比与总结,探寻了鄂南乡野古桥艺术的内涵及其特色所在;并通过对鄂南现存古桥建筑的结构构造、营造方式及其装饰手法等近乎庖丁解牛式的解读,全方位、立体化地阐释和再现了鄂南地区古桥梁建筑地域化的乡土人文之美及其乡野智慧之韵。

5 鄂南古桥建筑的保护

鄂南地区自古物产富庶、经济繁荣，古桥梁建筑的修建与遗存数量也是冠绝荆楚，国内罕见。经济的繁荣与城乡建设的快速发展，使得古桥建筑的保护与发展面临着两种截然不同的命运和现实。部分古桥会因为政府相关部门的重视力度，以及人们对于传统古建保护意识的提升，而得到相应的保护与发展；可有的则会因为这些繁荣与发展所带来的负面影响，导致不同程度的损伤，甚至是永久性的毁灭。而令人倍感痛心的是，这种影响至今仍在持续，所波及的深度与广度也越来越广泛与深远。在如今"千城一面""万村一容"的社会趋同化发展背景下，城镇发展的特色化、个性化、生态化发展，将显得越发重要。特别是在鄂南古桥建筑数量日趋减少，且古桥建筑保护已经刻不容缓的当下，鄂南地区仅存的百年古桥，愈加彰显其弥足的珍贵。但鄂南地区的古桥建筑能得以留存如此之多、如此之久，从某种程度上来说，也得益于其自身"乡野"的特色，那些远离于城乡经济活动的中心，经济相对落后的村落、山林、阡陌等，正是它们仍然坚守着原生风貌的自然根基，才使得这些古桥在历经数百年风雨的侵蚀依然屹立于山水田园之中，尽显其"乡野"浓情之魅。然而，对于那些近沐鄂南城乡蜕变的乡土古桥而言，其转型与升级后的命运，也不尽相同。它们中的一些因为得到了各级政府或文物保护单位的保护与维护，而焕发了新的风采，却也因此变得越发"孤独"。部分古桥的周边环境因为城市化进程的改造升级而遭到破坏，古桥却因为"保护"而颇显孤立。而那些未被关注或保护的古桥，有的因为无法经受现代车辆的重压或撞击而遍体鳞伤，有的甚至因为无法满足城乡"现代"的发展而消亡……

5.1　鄂南古桥建筑现状调查

　　课题组依据鄂南当地市(县)政建设改造相关数据统计,以及实地调研核查考证,鄂南地区现存百年及以上古桥梁建筑552座。其中,已被重建或改建的约215座,占现存总数的38.95%;重修或整修的66座,占11.96%;未经改建或重修尚保持古桥原有结构的桥梁271座,占49.09%(见图5-1)。在这些古桥中,由于城乡建设升级等诸方面原因,地处城区内的古桥建筑,在重修或改建方面问题相对较为严重,而那些地处城郊荒野的古桥,尽管结构保持相对完好,但闲置荒废的现象却比比皆是。此外,由于年久失修等原因,其基体状况也着实令人堪忧。

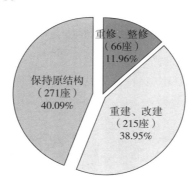

图5-1　咸宁市古桥梁建筑重修、改建情况分析(作者自绘)

5.1.1　鄂南拱桥的现状

　　主拱渗水。鄂南地区石拱桥多为砖石砌体结构,其主拱券基本由石板拱或条石拱构成。受使用年限及自然条件因素等方面的影响,其结构砌体间黏结的材料早已老化或破损,拱腔排水系统也已完全或部分丧失了其应有的功能和作用。当桥面积水过多时,便会出现主拱渗水问题,影响桥体自身安全。调查中发现,如淦河流域的几座古代石拱桥的主拱券下可看到较为明显的渗水痕迹(见图5-2、图5-3)。

图 5 - 2　咸宁市清代山峰寺桥　　　　　图 5 - 3　汀泗桥镇明代程益桥
　　　主拱渗水（作者自摄）　　　　　　　　桥拱渗水（作者自摄）

　　桥石台阶断裂。由于鄂南地区古桥建筑使用年限相对久远，其桥面石阶或踏步都会呈现出不同程度的磨损或断裂问题（见图 5 - 4）。以赤壁市清代官塘白沙桥为例（见图 5 - 5），该桥为单孔拱券结构，长 15.7m，宽 5.6m，高 7m，采用青石石块，块石纵联垒砌拱券而成。其桥面中部平坦，两端则呈"八"字形，各有 7 级台阶。因该桥是当地村民耕作出行和"村村通"工程的交通要道，长年的磨损和破坏，加之周边开山炸石的影响，致使桥面凹陷及部分台阶断裂。

图 5 - 4　汀泗桥镇双碑桥桥面　　　　　图 5 - 5　赤壁市官塘清代白沙桥
　　　台阶断裂（作者自摄）　　　　　　　　台阶塌陷（作者自摄）

　　桥面缘石错位。古时建桥，由于桥面缘石间缺乏砂浆黏结，因而那些曾经遭受过强烈碰撞或撞击的拱桥，其桥面缘石很容易发生松动或错位（见图 5 - 6）。调查发现有多座桥梁出现这类问题，尤以通城县荷叶桥桥面缘石错位最为严重，其最大的错位差距达 6cm，这不仅影响到桥体的整体美观性，也大大降低了桥梁的安全性。

立墙破损剥落。鄂南地区古代石拱桥两侧栏杆间或立墙,多用灰砖或灰土予以填充加固,但因日照、雨水和人为等因素影响,其填充墙体表面均有所破损,个别部位剥落严重。如:赤壁市清代一眼桥桥体立面已破损剥落,可见明显的裸露砖石。如若不及时予以修复,必将影响到桥下船只通行和桥上行人的安全。

桥体杂草过多。由于鄂南古桥的遗存历史较为悠久,许多桥体的侧墙间隙已生长出诸多小树、杂草,由于植物根系多向内延伸或根茎增粗,易造成了石块砌体结构的错位或间隙增大,从而降低桥体拱券或墩台的耐久性和抗压性能,以致破坏拱桥整体的稳定性。如通山县清代盘溪桥的侧墙间隙和桥墩均生长了大量树藤、杂草等(见图5-7),此外,汀泗桥镇双碑桥、咸安区坳下桥等也均发现此类问题。

图5-6　通城县荷叶桥桥面　　　　图5-7　通山县盘溪桥桥墩和侧桥杂
　　　缘石错位(作者自摄)　　　　　　　　草丛生(作者自摄)

5.1.2　鄂南梁桥的现状

桥面板块间隙过宽。鄂南古梁桥桥面多受板材长度或宽度限制,由多块板材拼合构成,在使用过程中,难免遭受各种主、客观因素的影响,致其桥梁踏面面板发生位移或错位现象,使桥面木板或石板块间产生较大的缝隙或破损面,以致给桥上往来的行人带来诸多不便(见图5-8、图5-9)。

梁桥墩台受损严重。作为古代梁桥重要的承力构件,桥墩、桥台的稳定性直接关乎桥体的安全使用。然而,由于日久失修、维护不便,鄂南地区现存的许多古桥建筑在历经多次水患,或船只、洪水只流石等重物剧烈撞击后,致使其原桥梁墩(台)砌体间出现较为明显的错位或破损现象。如:通城县的清代枫树桥在历经一次次水患之后,其部分分水尖已垮塌,桥面业已出现变形现象(见图5-10)。

图5-8　官埠桥镇清黄石桥桥
面板间灰缝剥落

图5-9　通山县清枧头风雨桥桥面
可见明显间隙

桥栏杆体稳定性不足。古梁桥的桥栏或杆体多为直接搁置于槛石或墩台之上,由于没有可靠的黏结,当遭受强烈碰撞或撞击时,更易造成坍塌事故(见图5-11)。

图5-10　通城县清枫树桥
桥面及台阶受损严重

图5-11　通城县清花苓桥桥
面桥栏稳定性不足

5.1.3　鄂南地区部分知名古桥的技术参数

研究依据国家现行的《公路桥梁养护规范》中相关技术状况评定指标体系,结合研究对鄂南地区省级以上文保桥梁建筑的实地调查数据,归纳为(见表5-1)[①]:

---

① 夏晋.鄂南地区现存古桥梁建筑的现状调查与分析[J].湖北社会科学,2014(7):73-78.

表5-1　鄂南境内部分知名古桥技术参数和技术状况表(作者绘制)

桥梁名称	建造年代	类型	孔数	跨径(m)	桥长(m)	桥宽(m)	矢高(m)	技术状况	备注
汀泗桥	南宋淳佑七年	石拱	3	主孔9.2	31.2	5.5	6.5	结构完整	1964年水毁,1965年重修。
刘家桥	明崇祯三年	石拱	1	10	20	5	5	结构完整,桥亭尚在。	清道光十二年重建。
万寿桥	清道光二十七年	石拱	3	32.4	34.4	4.8	6	结构完整,桥亭尚在。	1968年修复。
高桥	清乾隆三十八年	石拱	5	8	55	4.8	6	结构完整,可通汽车。	清同冶十一年重修。
西河桥	明世宗嘉靖二十八年	石拱			85.5	9.5	8.5	结构完整,可通汽车。	1966年改建,除桥墩外,桥面与栏杆均改为钢混结构。
龙潭桥	清同治五年	石拱	5		70	5.5	3.5	结构完整,保存完好。	民国十七年重修。
官埠桥	明末	石拱	3	20	25	5.5	4	结构完整,桥亭尚在。	1967年修缮,可通小型车辆。
白沙桥	明弘治年间	石拱	3	31	34	5	4.5	结构完整,桥亭尚在。	明正德十二年重建,清咸丰七年重修。
北山寺桥	清光绪十一年	木梁	3	主跨13	34	4.5	6.5	主体结构保存完好。	1958年续修廊亭。
福禄桥	清光绪二十一年	原木梁	2	13	17	4.5	4.5	结构完整,桥亭已毁。	1988年后改建为水泥现浇桥面,混凝土梁。
鹿过桥	明万历年间始建	石拱	1	6	9	4.8	3	结构完整,可通车辆。	清康熙五十年修缮,桥碑已断裂,两侧石望柱栏板已不存。
玉凤桥	明清	石拱	5	50	64	5	5.2	一孔拱券损坏严重。	2009年8月东侧桥体坍塌,西侧桥面出现裂缝。

桥梁名称	建造年代	类型	孔数	跨径(m)	桥长(m)	桥宽(m)	矢高(m)	技术状况	备注
南门桥	元代首建	石拱	3	9	30	5.5	9.6	结构完整，可通车辆	1984年县交通局增建一孔，改为公路桥，1985年又加建钢筋混凝土桥面和栏杆。
净堡桥	元元统年间建	石拱	1	8	64	6	7	结构完整，可通车辆	2001、2003年维修控制，2008年全面整修。

5.2 鄂南古桥建筑现状分析

鄂南古桥的价值是绝无仅有的,不仅在于其有别于他处古桥的唯一性价值,还在于其所积淀与涵养的悠久的人文历史价值。不可否认的是,那些承载着鄂南地域千百年文化的古桥,凭着其自身独特的魅力,默默地屹立于鄂南的乡土之上,并占据着特殊的位置,但是它们却始终没能正式进驻人们关注的视野,并在历史的发展中不断被"抛弃"或"否定"。诚然,现存的鄂南古桥出现前述断裂、渗水、错位等状况,有其自身"年龄"上不再适用的客观事实,但这些事实的背后却也有着诸多无法掩盖的"人为"现实。

5.2.1 年久失修

鄂南地区乡野古桥分布广泛,且城镇郊野兼而有之,部分古桥得到了良好的养护,至今仍与人们的生活密切相连,发挥着它们应有的功能和作用。也有部分古桥却由于原有交通功能的丧失或减弱,或是缺乏明晰的保护责任主体,缺乏日常的保养维护,或是年久失修,加之自然的风化腐蚀、流水的冲刷与河道淤塞以及植物根茎对桥体结构的破坏等因素的影响,而逐渐淡出了大众的视野,频频走向自然的倾废和消亡(见图5-12)。如:湖北省内知名报刊媒体《楚天金报》曾在 2009 年 8 月对桂花镇毛坪村的玉凤桥有过一则追踪报道,并指出:作为咸安区内仅存的一座明代五孔石拱桥,正是因为日常养护不到位,东侧桥体突然出现坍塌,西侧桥面也破损严重,岌岌可危,随时都有垮塌的危险。

图 5 - 12　咸宁市现存古桥梁建筑的现状(作者自摄)

5.2.2　城乡建设影响

地域经济的发展与城乡基础设施更新建设的迫切需求,使得鄂南地区的古桥保护面临着巨大的挑战。尤其是在 20 世纪八九十年代,随着城乡扩建、水利兴修、道路拓展等各项建设的迅速推进,部分古桥在尚未引起人们足够的重视与保护的前提下,不得不让位于城乡建设的冒进,进而面临被搬迁、拆除、掩埋,甚至是功能丧失的境地。例如:咸安区清代福禄桥,依《咸宁县交通志》所载原为砖木结构桥梁。兴建初始,这里曾是武昌区至江西省的必经之道,两地商贩往来不绝。村民便在桥上修建了两座木桥亭,以备临时收留、资助他乡浪客。新中国成立后,居民生活逐渐稳定,全国道路交通建设得以极大的发展,古桥已不再是交通要道和临时的收容场所,桥亭也日益荒废。至1988 年,当地居民也曾试图在古桥原有结构上进行重修,但此后却被改为混凝土梁,桥面也被水泥砖所替代。桥亭已不复存在,木桥也荡然无存,仅存墩台尚为旧物，实在令人惋惜。

由于地理位置的偏远或是数据信息的闭塞，导致那些地处山区的古桥，较之于身处城区中的古桥，很难受到各级文物保护单位或机构及时有效的保护（见图5－13）。例如：位于咸安区马桥镇严洲村的的马桥，据说其桥身和桥底部的部分长方条石拥有1800多年的历史。始为木桥，相传是公元208年赤壁之战时，东吴一位将军途径马桥老街北端木桥时，战马踩断木板摔死，将军也因此不幸遭受重伤，当地百姓倾囊救治，于是将军为感谢乡亲的救命之恩，出钱在这里修建了一座5m长、3m宽的石拱桥。1970—1972年，当时的咸宁县、马桥区和马桥公社为了扩大耕地面积，利用河床种粮，淦河河段被裁弯取直，河道缩短了4/5，变成了干河，失去了存在的意义，县、区、公社将原桥上的条石拆下，运到新河道上建了一座新桥，虽沿袭桥名，但已物是桥非了。

图5－13 咸宁市城乡建设对古桥的影响（作者自摄）

5.2.3 不合理使用

合理地使用古桥,不仅有利于古桥建筑的永续传承,亦可有效体现其自身的价值。古桥的初始设计多以通行行人、马车和舟船为主,尽管部分桥梁至今仍具备水运或地面交通功能,但实难长期承受当下快速,且动辄上吨负荷的载重卡车和大型货船。例如,嘉鱼县的元代下舒桥,原本是一座方便村民农作进出的行人桥,却要承受当代载重车辆的碾压,以及当地村民奔赴小康的重任,正是由于不合理的使用,造成了该桥部分桥体歪斜与坍塌。又如,省级文物保护对象嘉鱼县的元代净堡桥,作为附近西湾村唯一的陆上出入通道,由于其桥体宽大,便于载运农副产品和农需生活用品车辆顺利通过,因而在机动车辆的重压下,导致桥拱严重变形,以致 2001 年其西湾桥头至桥拱间长约 9m、宽 2.5m 处范围内的桥面坍塌。后经当地博物馆责成附近村庄修复,虽控制了坍塌面积,但终因资金所限,难以恢复旧貌(见图 5-14)。此外,一些地处热点旅游区或是自身已经被开发为历史遗址旅游点的古桥,游客接待量较大,尤其是节假日期间,如若缺乏较为科学合理的游客承载计划量和控制管理,也必然会导致这些古桥超负荷承载,只会进一步加速古桥的衰亡。如鄂南地区的汀泗桥、刘家桥、万寿桥等,均存在这方面的隐忧。

图 5-14　通山县清代双河桥因砂石车辆超负荷运载致桥面下陷(作者自摄)

5.2.4 不得当的维护

古桥梁的维护与修缮，其实是一门需要细心思索的技术活，无论是在桥梁维护的材料使用上，还是具体实施的技术环节上，都不能盲干或莽撞行事。必须对古桥的桥体结构、造型特点、材料特性、文脉特征等方面均予以整体考虑，并以"护"为导向，周全对待，渐进实施。但是，当前部分负责古桥梁建筑维护与修缮的单位、队伍或工匠，在理念和方法上，仍然存在较为明显的强"修"现象。比较普遍的是，在维修加固过程中对于水泥等加固材料的使用问题。例如，嘉鱼县官桥镇的瓦胜山桥，始建于清代，新中国成立初期桥体翻修时因大量使用水泥勾缝金刚墙体，导致桥体石材与色彩不搭，且由于勾缝较宽，以致无法分辨石块间原有的磨合对接关系，从而破坏了桥体原本的风貌。此外，还有的适应当下机动或非机动车辆的通行需求，在桥面加覆水泥，或沿桥体两侧加建特种材料铺装的非机动车道等。如：咸安区桂花镇的朱桥，原为三孔石拱桥，桥长30m，宽4.7m，高4.5m，整桥跨径达26m。却曾因年久失修致桥栏及桥面损毁严重，2006年朱家湾村民众纷纷筹资重修该桥，但此后桥面的青石板已荡然无存，桥面及栏杆均为水泥浇筑而成，加之古桥周边环境缺乏整治，使得古桥及河岸原有的历史风貌遭到了严重破坏。

还有的鄂南古桥梁建筑，因为没得到合理的维护，致使桥体出现坍塌，以致最终被直接拆除，或是在原址基础上仿造古桥梁建筑原貌重新兴建了一座"仿古桥"。尽管，桥身、桥式依旧如真，但这些已没有了历史的印记、岁月的伤痕的古桥建筑，就如同没有了灵魂的空壳，留下的只是一些如梦如真的"假古董"，令人平添诸多遗憾。例如：建于清同治八年的咸安区高桥，有着140多年的历史，见证和承载了鄂南文化百年的兴衰与变迁，然而，因年久失修，早在20世纪70年代一场特大暴风雨后，凉亭不复存在。于是，为再现鄂南文化神韵，重现高桥及周边历史街区的传统风貌，2006年当地政府开始筹集资金重建古桥（见图5－15、图5－16）。我们不可否认的是当地政府为此所做出的努力，但这样多少令人感到些许亡羊补牢般的追悔感。

图 5 – 15　修复前的省级文物保护单位咸安区高桥桥墩及其桥基(作者自摄)

图 5 – 16　修复新增凉亭后的咸安区高桥(作者自摄)

5.2.5　周边环境改变

古桥并非孤立的单体,它常与周边的山水、田林、民居或商铺等构成一幅幅和谐的自然美景。然而,这些如诗如画般的自然意境,却正伴随着当下人们的生产或生活方式的改变而改变,一些古桥周边高楼耸立,污水泛滥,已很难再追寻那种和谐统一的意境了。由于很多古桥周边居民长期缺乏对环境和水源的保护意识,以致古桥周边建筑乱搭乱建,生活用水肆意排放,垃圾堆积如山,使古桥建筑周边和谐的风貌被破坏,水源环境被污染,恶臭令人背离,加之河流的枯竭,使得原本依托环境而存在的古桥,也逐渐淡出人们的视野(见图 5 – 17、图 5 – 18)。

图5-17 清代唐家桥上货物、垃圾随意堆放 图5-18 赤壁市清代喻家桥桥头成了垃圾场

5.3 鄂南古桥建筑保护的理论依据

近年来,古桥保护问题逐渐成了人们关注的焦点。从2008年由茅以升科技教育基金会发起的古桥研究与保护学术研讨绍兴会议的胜利召开,到后续的福州会议、南京会议、湖南会议的陆续举办,为我国古桥建筑保护的研究搭建了一个又一个国际学术交流平台,伴随着我国城乡建筑改革政策和实践经验的不断推进、总结与完善,以及不同学科、不同领域学科思想的碰撞,为鄂南古桥建筑的保护理论与实践,提供了诸多宝贵的经验与理论依据(见图5-19)。

图5-19 碧水蓝天下的咸安区明清白沙桥(作者自摄)

5.3.1　传统乡土古建保护的理论思想

不同区域自然、气候及文化的多样性,孕育并造就了我国丰富多彩的地域性特征。伴随着 20 世纪末改革开放的国际交流日益频繁与文化艺术的"寻根"运动崛起,我国乡土建筑的研究与地区性建筑文化保护热潮的逐渐兴起。从以地区和类型为主的乡土古建考察记录性保护,到基于传统文化、社会制度、环境特征、技术构造等方面乡土古建的研究,十余年来,我国传统乡土古建研究如火如荼,在理论和实践上取得了全面的拓展。乡土古桥的研究保护议题也是如此。2008 年,首届古桥学术研讨绍兴会议的召开,为我国古桥建筑研究专家、学者和古桥保护人士提供了一个学术思想交流、碰撞的平台,会议针对古桥的美学、技艺、保护等方面展开了广泛的交流与探讨,为我国石桥和木桥的传统营造技艺先后入选国家级非物质文化遗产形成了强而有力的助推,并坚定了我国古桥后续申报世界物质文化遗产的信心。不仅如此,会议商讨并予以一致通过的古桥保护管理条例及其相关建议稿,为各地政府部门尽快出台更具针对性的古桥保护管理办法提供了重要的参考,并为后续会议的召开开辟了新时代的道路。近年来,乡土古桥及古建遗址的保护研究理论逐渐走向多元化,且不再局限于对重点文物抑或是文物遗存的静态保护探索,古桥及古建遗存的活化利用与保护,文化生态的可持续发展等也逐渐成了热点,《中国古建筑修缮技术》《中国古代桥梁》《石桥营造技艺》等理论著作、研究文献报告的相继出版与发表,为鄂南乡土古桥建筑的保护及发展,提供了难能可贵的思想与研究方法指导。

5.3.2　中国城乡建设发展的改革依托

作为一个有着悠久的农耕文明历史,并且至今仍以农业和农民为基础的国家,我国城乡社会的建设发展一直是党中央、各级政府部门及其相关科研机构关注的重点。从十六届五中全会关于"扎实推进社会主义新农村建设"的《十一五规划纲要建议》通过,到党的十七大相关"统筹城乡发展"思想的提出,以及各级各地方政府"美丽乡村"建设计划的相继出台,再到十九大报告中关于"加快生态文明体制改革,建设美丽中国"的"乡村振兴"计划的明确提出。近年来,我国城乡建设的发展可谓从初期远景到改革升级,从政策建议到落实细化,从鄂南地区历史遗存文物的保护普查到鄂南市区乡镇各级部门的建设发展规划方案落地……这无疑也为身处乡野小城的鄂南古桥提供了一个不可多得的新机遇。乌镇、同里等水乡梁桥的小镇风情,泰顺廊桥的城市品牌地标建设,抑或是湘西凤凰的古桥、汀步的城市旅游融入……它们都是鄂南城乡建设发展与古桥文化再现可资借鉴的发展蓝本,为尚处遗址保护阶段的鄂南古桥遗存提供了一条条现实活化的参照。

5.3.3　文化生态可持续发展的思想探索

任何一种社会形态的形成,都会有着与其形态相适应的文化,而任何一种文化的发展,也都会随着这个社会形态的变化及其物质生产的发展而发展。文化并非经济活动的直接产物,山脉、河流、地质等自然条件的影响,不同地域、环境或观念,以及所处社会或社区发展的特定性等,都将给一种文化的产生与发展提供某种独特的场合和情境。例如,鄂南因建桥而形成的功德文化,因桥上或桥头设茶亭而凝结的乐施风气等。然而,文化生态具有不可再生性,社会物质生产发展具有连续性,决定了文化的发展也具有连续性和历史继承性。现存的乡土历史文化遗产一旦被毁损,有机环境一旦被破坏,对于乡土文明而言将是致命的损失。因此,在当下乡土文化生态建设上切不可"先拆毁,后重建",而应理性地思考鄂南古桥文化生态可持续发展的道路。作为国内最早从事可持续环境设计研究领域的专家,清华大学艺术与科学研究中心可持续化设计研究所周浩明教授就曾提出生态建筑设计的"3F"与"5R"原则①,对于鄂南地区古桥建筑艺术的可持续设计发展提供了必要的参照标准。此外,文化生态也是一个有机的整体,具有协同可持续发展的需求。例如:古桥河道或航道的枯竭、变更,或是古桥两岸天际线高度、层次的变化均会对古桥原始的生态文化产生强烈的影响。因此,鄂南地区古桥建筑艺术的保护与发展,不仅仅是对古桥建筑遗址的单向度保护,更需要深入思考其周边环境视野、自然条件、人文观念、营造技艺等多方面的整体协同与可持续发展。

----

① 周浩明.可持续室内环境设计理论[M].北京:中国建筑工业出版社,2011:36－47.

5.4　鄂南古桥建筑保护的对策建议

　　古桥,是鄂南发展的一张历史文化名片。面对经济发展的诱惑,以及城乡繁荣所引发的设施更新与建设的需求,切不可以牺牲地域文化的方式,开展短视的城乡建设与发展,从而使鄂南地区现存的百年及以上古桥彻底沦落到被拆迁、荒废或掩埋的境地。经实地调研获悉,鄂南现存古桥中仍有许多从未进行过系统的检测,诸多潜在的安全隐患也尚未排除。鄂南社会的发展,需要的不仅是现代化的桥梁建设,更需要在古桥文化生态保护方面做足文章。

5.4.1　加大古桥原生环境生态的保护建设

　　古桥的生命价值,不仅仅体现在其自身真实的存在,更在于其自身价值的存活。较之于北京长城、西安秦始皇陵等国内知名历史遗址,鄂南古桥纵难以其自身"独一性"吸引大众的关注,即便与同属古建筑范畴的古民居、宗庙建筑相比,也因观赏性不足或游程太短而凸显式微。若一味地将其作为文物予以孤立"守护"或弃之不理,无疑会将其置于"死"地而"窦"生。古桥作为一种历史文化资源,应以保护其原生环境的整体性为原则,保持与周边河道、山林、农田等自然景观的和谐性及其建筑空间视野的开阔性。只有如此,才能令其不再仅存活于人们的记忆中,而是真正实现其合理的价值保护与利用。例如:崇阳县白霓桥、咸安区高桥等地处老街旧集的古桥,可在挖掘和保护其内蕴的文化内涵与价值的同时,疏通河道,规划车流承载,控制河岸建筑高度,修复周边民居建筑群落布局样态,重现其古朴繁华的古桥街貌;而位居深山、乡野、良田间的古桥,则可据其所处区位的特点,进行自然特色的塑造。例如:利用通山县山下董桥与北山寺桥上下游的区位落差关系及其周边山林、农田的生态风貌,科学规划其古桥生态保护绿线,开发"一轴多点"的古桥观赏线路,使观者在观赏古桥的同时,也能尽情感受其与自然的和谐之美及乡土的淳朴之风。

　　古桥的保护,首先要从古桥周边环境的整治和改善入手。特别是那些身处于古河道、古村落、古镇的桥梁建筑，更要注重与其周边环境在尺度、密度等多方面的整体保护。例如，地处咸安区的刘家桥村，就是通过对整个古村落整体保护性设计的方式，对古桥及其河道、民居、景观、街铺等进行复原与修缮，取得了较为良好的保护效果。如今，站在刘家桥古村镇高处，可以俯瞰村落与古桥所形成的交相呼应的水乡景观，在有效保护古桥的同时，也充分带动了整个古村以及乡镇经济的整体发展（见图5－20）。

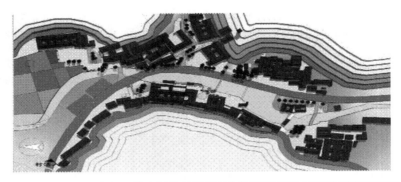

图5－20　咸安区刘家桥及其古村落保护设计规划图及部分村落效果图（张颖绘）

其次，古桥的修缮应遵循"修旧如旧"的原则，具有针对性。不同的古桥在使用年限、损伤状况、结构材料等方面具有修缮保护的差异性。因此，修缮时也需对症下药，因桥而异。如：对于那些生长在古桥梁建筑上的蔓藤植物而言，切不可盲目铲除，如若将其直接拔除，则会对桥体结构造成直接或间接的影响。因此，应先剪断其枝叶，再使用抑制其生长的药物，使其枯萎；而对那些直接涂抹于桥梁之上的水泥，或是肆意安置于桥梁周边的管道，则应在保护古桥建筑原貌、原结构的基础上，将其铲除或移除，即通常我们所说的在"修旧如旧"的前提下，保持古桥梁建筑的原貌，保护文物遗址的原生价值；此外，由于古桥在早期建造时，主要是基于人流和古代车马的负荷承载而设计，几乎难以承载现代大型机动车辆的重压。因此，如若超过其设计负荷，应该重新规划交通线路，禁止机动车辆通行现存古桥；而对于那些桥梁构件有所缺失的古桥，则应充分结合其桥梁建筑的整体风格特征，对其原有构件予以复原，并在选材用料上尽可能保持与原物件一致（见图5－21）。

图 5 – 21 修复后的咸宁高桥内景（作者自摄）

5.4.2 建立鄂南古桥建筑资源信息库

鉴于鄂南地区现存古桥建筑数量众多、地域分布较广、保护管理难度较大等问题，应针对其古桥遗存现状和地域发展趋势予以分级分类保护。因此，设立鄂南地区古桥建筑专项保护经费，编制相关规划保护管理办法，显得尤为重要。尽管通过第三次全国文物普查已初步掌握了鄂南古桥建筑的数据、区位、遗存现状等基本信息，并建立了相关档案库，但部分古桥梁建筑的年代断定、衍化沿革和价值评定等还有待深化。比如，一些已记录在册的古桥，由于初始兴建年代久远，建成后，又曾历经重修、重建、移建甚至更名，至今尚存留多少梁桥古制？是保留了始建期的风格旧貌，抑或是早已面目全非？诸如此类的问题仍需进一步考证与研究。因此，可在已有数据基础上，根据古桥建筑类型、遗存价值、修建年代等方面的不同，进行分级分类管理。对已登记在册的古桥，进行进一步的数据核查与校对，统一类别和年代的划分标准,建立鄂南古桥专题数据库,为后续的统计分析与保护研究工作提供详实的依据。

充分发挥网络信息平台的宣传推广作用,提升鄂南古桥保护的广度及力度。在如今高速发展的信息时代背景下,大众信息获取或传播的来源多为数字网络的平台媒介。尽管当下我国网络科技水平已居世界先进行列,但较之欧美等一些发达国家,在公益性网络平台建设方面尚显贫瘠,特别是那些为古桥保护而专设的公益性网站更是少之又少。其中,仅廊桥网目前在古桥公益保护方面建设相对成熟。该网站建设初期以廊桥相关的图片和文字介绍为主,后期经过数次重大建设调整,日渐成熟,如今不仅建立了专业性的网站管理团队,拥有了固定的网站数据基站和办公地点,还加大了对乡土文化和廊桥保护成果的宣传与研究成果的数据建设,吸引了众多新闻媒介、专家学者、爱桥人士的关注,甚至还有不少国外学者、游客通过网络平台了解了我国的廊桥,并激发了他们对廊桥的兴趣,带动了古桥文化、旅游的发展,唤醒了人们爱桥、护桥的意识,充分发挥了网站护桥的公益作用。鄂南地区现存的古桥建筑保护同样可以充分利用网络媒体的传播作用,建立相关古桥保护网站,宣传当地的文化特色,传播鄂南桥文化乐善好施的正能量。仅依靠个人或公益机构的网络媒介力量,发挥古桥建筑保护的作用,引导与传播古桥文化的价值,其影响深度与广度毕竟有限。可以建立官方桥梁保护传播平台,增加媒体信息互通渠道,拓展舆情交流空间,从而扩大宣传的覆盖面;也可以筹办展览或发布会,加大鄂南古桥对外宣传的力度,打造鄂南特色的古桥品牌文化。

对鄂南地区现存古桥建筑予以专题立项研究,对其历史发展、艺术特征、营造技艺、文化生态等方面予以科学而全面、深入而系统的研究,从而更为科学、有效地针对鄂南古桥建筑进行保护(见图5－22)。由于缺乏相应的古桥建筑保护与管理机制,当前鄂南现存古桥的数量在不断减少,也使得鄂南古桥的信息监控与数据资源库建设势在必行。这就迫切需要当地政府及相关部门、机构牵头组织,出资或资助建立具有专业背景的古桥建筑调研小组或研究机构,对古桥的现状予以及时的跟踪调研,进行详尽的测绘、记录和研究;另外,也可以与前期数据资料进行对比,予以分析和统计,并对现有资料进行完善和补充。如:调研古桥的修缮时间及修缮状况,用图文方式对修缮前后的古桥变化予以对比和记录,用于后续古桥修缮与保护工作的指导。

图5－22　咸宁市高桥和山下董桥周边环境的模型复原(张颖、李紫含、王怡清等制作)

　　此外,古桥的数据测绘与监控工作,一方面是对原有古桥缺失数据的有益补充;另一方面也可以将相关测绘、调研数据、文本信息等资料转换成电子数据化信息,并建立相关数据资源库,对古桥数据存储、研究统计,以及今后的修缮工作等提供准确可靠的资源佐证。以鄂南城区古桥数据为例,可建立相关古桥数据信息资源库,将城区所有的现存古桥以序号的形式,清晰标示于数据地图上(见图5－23、5－24),只需点击相应的数字,便能了解相关古桥的详细数据和资料。如:点击数字8,就能获知与桥梁相关的名称简介、建造区位及其保护等级等基础信息,并可以通过下一级菜单,详细了解桥梁的尺寸数据、营造过程、艺术特色、结构特征、名人轶事等相关信息,并保持数据的定期更新。

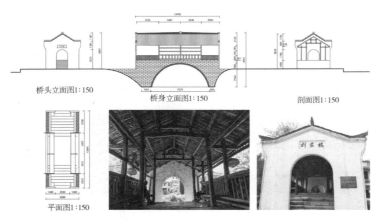

桥头立面图1:150　　　桥身立面图1:150　　　剖面图1:150

平面图1:150

图 5 – 23　鄂南地区现存古桥数据地图库范例（王亚楠绘制）

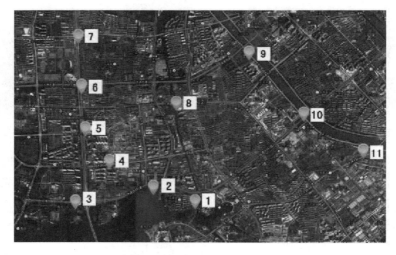

图 5 – 24　鄂南地区现存古桥单体数据库范例（王怡清绘）

5.4.3　实施科学保护与开发

首先，明确责任主体，多方合作纳入法制轨道。重视鄂南地区有较高遗存价值的古桥及其集群相关国家级、省级物质文化遗产名录的申报工作，完善古桥建筑等不可移动文物保护的法律政策保障体系，建立具体、专项的《鄂南地区古桥梁建筑管理保护法规》，履行相关维护和建设活动的依法报批手续，制定详细的保护管理措施，保护责任单位或个人落实到位。对汀泗桥、贺胜桥、高桥等已被列为国家或省市重点文物保护的古桥梁遗址,应依法依规做好相关的保护及管理工作;对尚未被列入保护对象的古桥,则应在综合考虑其遗存现状、地域分布、价值特色等各方要素的基础上,联合地方交通、水利、规划及文物等多个政府主管部门,建立有效的合作沟通保护机制,并选择将其中的部分古桥列为保护对象,将其纳入法制管理保护范畴,并规划其相应的建设控制地带和保护范围;对于其价值目前尚不足以列为文物保护对象的,则以文化资源或历史建筑等形式纳入地方规划发展框架中,或是以不可移动文物的形式,通过网络、媒体、报纸等多种媒介形式向社会公布其具体名录,以此为古桥遗址的依法依规保护提供相应的舆论监督。此外,还应加强对古桥建筑的维护与巡查工作,成立相应的民间古桥保护组织,多元化发展地方古桥保护监管人员,定期对古桥进行巡查,及时察觉隐患,有效杜绝拆除或破坏古桥建筑的事件重现。

其次,实施科学保护,措施合理地针对鄂南古桥建筑艺术实施保护。在市镇基本建设中,强化文物、规划、水利、交通等多部门联动机制,多元协调探讨鄂南古桥保护与管理的问题,"保、规、迁、建"工作做到科学可控;对已出现损坏的古桥,应按其破损情况进行评测,对其承载能力加以鉴定,并对其桥梁结构的完好度,材料的老化、腐蚀度及其强度的降低度予以综合评价,以做出相应的处理。比如,对咸安区刘家桥、万寿桥等桥梁主体构架、装饰构件、碑记题刻等具有文化史证价值的构件,可根据其损毁的程度,采取分时分段方式予以维护;对咸安区玉丰桥、嘉鱼县蔡咀大桥等桥体已部分塌陷或桥身已松动,且原结构已经不能正常发挥作用等毁损较严重的古桥,抑或是桥身杂草野树丛生,桥体存在严重的安全隐患,且随时有崩塌的可能,可在保持古桥原结构、外型特征的基础上,采取抢救性维护措施,以特定建材加固,保障其结构安全,及时排除安全隐患,万不得已时方可拆除古桥;对于嘉鱼县的下舒桥等处于城市道路规划范围内,且长期超负荷承载,或无法满足现代交通通行、承载需求的古桥,则可考虑保留古桥遗址,适度控制交通流量;或是另辟新桥,另行规划绕行道路;对于经过维护加固处理后,其外观及承载能力等不会发生较大改变,并可以延长使用寿命的古桥,则应尽量采取此类方式予以利用。

此外,如若能将古桥建筑的保护融入鄂南地方城乡或市镇的整体规划发展中，发挥其历史教化和人文景观的作用，则更有助于鄂南古桥文化活态延续的传承。古桥建筑保护的地方规划发展融入及其保护范围的扩大，其目的是以活化发展的视角看待古桥生命价值的延续，同时也能够将更多的且目前尚不具备文化遗产历史价值，但又能对比、鉴证或是凸显现存古桥建筑遗址历史价值的那些被遗漏的历史遗产予以补漏查缺，更好地融入古桥建筑遗址发展的整体风貌保护与发展脉络轴线中。例如，研究团队在鄂南古桥遗址的调研与统计中惊讶地发现，由于我国民国时期距今历史积淀的时限较短，以及乡土小城所具有的历史影响力或事件有限，能被列为国家或省、市、地方级文物保护对象的桥梁建筑屈指可数，目前也仅有汀泗桥（铁路桥）因为北伐战役而于1988年被列为全国重点文物保护单位，但其他同时期桥梁的价值却在不知不觉中被各级保护单位所忽略。作为民国时期长江流域商贸经济重要的水陆交通枢纽之一，鄂南地区不仅有着特殊的交通地理优势，其桥梁建筑风格也多受到外来文化的影响，并呈现文化元素与乡土文明交相辉映的多元交融特征。鄂南地区民国时期古桥建筑也不例外，无论是造型特色，还是结构类型，均留存着民国前期鄂南不同年代桥梁建筑文明的影子，又与这些早期建筑形成鲜明的对比，就如同贝聿铭所设计的卢浮宫前的玻璃金字塔，既与历史辉映，又与历史产生时间的对话，是时光的对比印证，也是历史的延续发展。断代的历史保护，显然会使鄂南现存的古桥建筑遗址更显孤寂与无味。即使被列为国家文物保护单位的汀泗桥，由于令其扬名中外的是其铁路桥，其桥梁建筑遗址的整体规划与发展更多的是围绕爱国主义教育基地和北伐文化主题旅游规划发展而设计。然而，与其同名的汀泗桥（古石桥），这座始建于南宋淳佑七年（1247年）的千年古桥，据考证，它既是湖北省境内最为古老的石拱桥建筑，更有着因桥而广为流传的当地丁四老人积善捐桥的功德佳话，却没能得到应有的关注与保护。如若能将汀泗铁路桥的保护范围扩展至其周边古桥或古镇，并将其统一纳入市镇规划发展的整体规划中，这样无疑能更好地梳理当地文化发展的脉络，再塑地域源生的精神文明形象，使爱国主义教育主题文化更为丰盈、更具内涵。因此，古桥文化资源的挖掘、开发、保护与利用，还应扩大遗址保护的范围，充分考虑遗址文化、风貌、元素的协同发展，并将其纳入文物保护、旅游规划、市政发展的整体规划内，以实现古桥建筑风貌协同共生发展。当然，这也需要更多的研究学者、专家或研究机构对其展开广泛的研究,以及积极而深入的探索。如:湖北省教育厅人文社科重点研究基地鄂南文化研究中心,近年来也积极开展了相关古桥的研究工作,对鄂南地区古桥梁建筑的相关数据采集,以及相关建筑的测量与模型制作、桥梁建筑的保护性开发与复原予以了积极探索(见图5-25)。

图5-25 咸宁市汀泗古桥及其周边环境的模型复原(王亚楠、王宪舟、肖雪等制作)

最后,对古桥建筑艺术采取动态的利用与资源开发。"文物是历史的见证,它的价值除了在博物馆中展示、进行学术研究之外,还可以通过旅游开发来体现它的社会价值和经济价值"①。传统文化资源的动态开发利用,是当下古建筑保护与发展的有效手段之一。鄂南地区古桥建筑遗址,只有有效实施全面的、积极的、动态化的保护,才能真正实现经济、社会、文化、环境多元效益的统一,以及古桥建筑艺术的活化利用与发展。作为曾先后荣获国家森林城市、中国魅力城市、全国最适宜人居城市等多重荣誉的乡土小城,近年来,

---

① 蒋烨.中国廊桥建筑与文化研究[D].长沙:中南大学,2010:261-262.

鄂南地区一直在紧密围绕城市经济、文化、旅游品牌形象做文章,也取得了一定的成效。然而,"千桥之乡"也是鄂南特色的文化名片,它连接着鄂南经济的命脉,梳理着鄂南文化的脉络,更展现出鄂南乡土小镇的秀水、青山、田埂、古桥等所构筑的乡野意境。透过古桥,我们能够清晰地感受到鄂南的发展,以及自然环境所带来的人文魅力和神奇表现,同时,也更需要细心地呵护和保障其文化资源的良性发展。

（1）先保护,后开发

古桥历史文化资源的动态开发与利用,必须以历史资源的保护为前提,才能有效地进行后续文化的传承与保护。确保以古桥建筑资源的保护性开发为基础原则,并将开发所获收益再次应用于古桥的后续保护、修缮和发展中,以形成一个良性的循环保护与开发模式。

（2）适度开发

历史文化资源属于不可再生性资源,一旦被损毁,后果也将是无法挽回和估量的。而任何过度的古桥开发或利用的行为方式,不但不会对古桥起到良好的保护作用,相反还会影响古桥的健康发展,甚至会导致古桥资源的消亡。因此,也只有以保护性开发为前提,把握古桥资源开发的度,才能认识古桥遗存的价值,从而实现古桥保护与经济发展的相得益彰。

（3）按计划,可持续发展实施

古桥文化资源动态的开发,切不可盲目跃进,应充分调查分析古桥周边的资源环境现状,有计划、分阶段地予以开发实施。切忌开发利用的短视效应,避免以牺牲古桥资源可持续发展的长远利益为代价换取当下城乡的快速发展,应坚持以古桥资源、文化的"可持续发展"为导向,结合当地发展的实际,充分考虑其后续发展的生态性与可持续性,力图使古桥的保护与今后的发展相适应,并力争创造有利的条件,更好地发挥古桥的作用,造福于子孙后代。

（4）打造多元化的文化旅游新景观

特色,是文化资源活化发展的有效指向。可充分依托当地已趋成熟的旅游开发线路,打造主题更清晰、内容更丰富的文化资源保护传播线路。也可利用如:手游、线上 VR 等科技、文化体验性新手段,多元化提升古桥建筑的宣传保护力度。

5.4.4　推进古桥民俗文化建设

文化底蕴,是世界文化古迹或遗址极其重要的内涵所在。精美绝伦的建筑艺术、耳熟能详的传说故事、地域浓郁的乡土文化、文人墨客的吟咏赞颂等共同铸就了鄂南地区深蕴的古桥文化艺术。因此,我们一方面需要组织文化、宣传、教育等相关部门的人员持续收集和挖掘鄂南有关古桥的传说、故事、习俗等特色的民间文化,不断予以完善,并丰富鄂南地区古桥建筑,乃至整个"千桥之乡"的地域文化内涵。另一方面,还需要组织相关桥梁专家、古建研究学者对鄂南地区古桥建筑遗址的艺术价值、技术价值、历史地位等方面给予鉴定和确认。设立地方或省级以上古桥文化艺术创作基地,邀请文化艺术领域知名艺术家或文艺创作者,到鄂南各地采风、做诗题词,通过桥乡文艺作品的影响力与感召力,去升华鄂南古桥的乡野之美,平添鄂南古桥的传奇之魅,以进一步提升鄂南古桥及其桥乡文化的知名度。此外,古桥文化的建设与保护也离不开公众的参与,同时需要加大对古桥文化遗产保护的宣传与普及,充分利用当下信息技术时代强大便捷的宣传渠道,普及鄂南当地桥文化中所内蕴的"真、善、美"的精神文化,推进鄂南古桥文化及其保护措施的宣传,规划设计鄂南"北伐战争文化""茶马古道文化""桥乡文化"等不同的桥文化主题线路,打造鄂南地区"千桥之乡"的文化品牌,使更多的人认识和了解鄂南地区丰富而又多姿的古桥建筑艺术,弘扬鄂南地区乐善好施的美德,激发民众对于鄂南古桥的怀古之思、爱慕之情、呵护之意,延续鄂南古桥文化的存活价值。倘若能在鄂南古桥开发与维护的过程中,整体规划古桥建筑及其周边的原生环境,无疑也能进一步改善鄂南古镇、乡村的生态环境状况,有效推进和谐温馨的鄂南地区古桥新文新风建设。

民俗文化,是一方民众对于社会及所处生活环境现实的回应与对未来的期盼。对民俗文化的保护,无疑是对当地民众愿景的保护,对地域人文环境的关注,以及对广大民众精神场域的再塑。古桥建筑是一个社会的缩影,其桥乡桥俗所凝结的文化元素、信仰、礼仪、精神等均是这方乡土在思想观念、意识形态上的折射与呈现,是这一地域精神的象征与活化。我们是一个拥有着悠久历史文明,注重文化传承和精神追求的伟大民族。许多具有光辉价值的传统观念与思维方式,至今仍能发挥着其特定的作用。然而,这些曾影响着当地民众生活、情感，以及行为习惯的桥俗思维观念，却逐渐被现如今的社会价值观念及其体系所忽视或遗弃。例如：鄂南当地的建桥功德功记文化，敬桥、圆桥等仪典，以及走桥、祭桥活动等（见图 5－26）。尽管，它们中有些带有不同程度的迷信色彩，但这些具有相应公共属性的活动，却也是当地民众精神信仰的黏合剂，是地域社会文化生活丰富的特色存在。

图 5－26　咸宁市清同治高桥于 2006 年修复及募捐的功德碑（王宪舟摄）

保护鄂南古桥的民俗文化思维及其观念，也即保护鄂南古桥建筑存活和延续的生命线。即使是古桥，也是有生命力的，文化的活化与再塑不应停留于一个静止的文物个体上，更应该将其活化还原于文化生活的整体中，去调适，去发展，去积极推动当地政府对于这些公共性民俗活动的宣传与倡导，以推进民间公共民俗文化环境氛围的形成。全方位触发当地民众对于传统桥俗文化的热情，以保护其古桥文化特有的地域特征。另外，由于鄂南地区现存的古桥建筑遗址多地处偏僻的乡村或山野中，伴随着周边经济、文化意识的发展与变化，当地民众在思想观念、意识形态上对于古桥的态度和认识也会产生不同程度的变化，由此也必然会给那些依托于古桥而存在的桥乡桥俗文化带来不小的冲击。因此，对鄂南古桥的保护与发展，更应该从其文化的整体入手，去挖掘，去发展，去再造更具当代人文特点的新时代的桥乡桥俗文化，利用当代的社会意识去调适这种变化，去保护鄂南当地的传统。也只有进一步将对古桥个体的单向度保护，扩大至对古桥个体及其文化整体的多向度保护，才能使随时光流逝的古桥依旧保持往昔的风采，才能更有利于鄂南古桥文化生命的整体活化与延续。

加大社区民众、政府职能部门、民间团体的护桥宣传与参与度,鼓励更多的民众参与到守桥、护桥、建桥的全民护桥文化氛围中。鄂南当地的民众用精湛的营造技艺造就了如今的古桥,古桥也同样用自身凝结的文化回报了鄂南民众世代相承的文明。因此,鄂南当地民众才是桥梁文化传承与保护的基础,鄂南古桥的保护及其文化的后续发展也只有当地人的不断参与,才会永葆青春活力,从而更有意义。应通过与鄂南当地社区交流互动的方式,加强对鄂南古桥保护行为、意识、观念、制度等方面的宣传,力图使当地民众更为深刻地认识和体会到保护古桥等文化遗产资源的重要性。或以古桥建筑为平台,积极组织一些与当地古桥相关的民俗活动,以带动社区文化的发展,拓展古桥遗存与当地民众交流互动的路径。此外,还可以充分利用古桥建筑所具有的休闲娱乐功能,为古桥周边的社区民众提供文化生活的新去处,以提高居民生活的文化内涵。政府及相关部门也应加大对古桥文化保护的倡导与鼓励,资助和引导地方护桥热心人士或民间团体参与鄂南当地古桥文化挖掘、保护与建设活动;并设立相关古桥文化保护、文化建设的专项资金,或积极筹措民间资金参与古桥文化创新、传承研究和相关护桥文化活动;并在相关部门、专业研究机构或专家的指导下,科学合理且可持续发展地开展鄂南古桥及其相关文化建设与规划活动。

5.5　鄂南古桥建筑文化保护与发展的主要措施

5.5.1　保护鄂南古桥建筑文化的原生环境

(1)登记、造册、建档

在县、市、区级文化或文物部门的指导下,对区域内的重要文物和百年以上古桥、民居,以及建筑群落进行普查登记、造册、建档。档案内应注明古桥名称、方位、数量、面积和维修毁损保护情况。对于那些已被登记在册的古桥数据予以进一步的校对与查证,统一年代、类别、构件称谓的划分标准。

(2)划定控制带和原生环境保护范围

对于国家级或省、市级重点文物保护单位,要求桥两端各 30～50m 范围内为控制地带,不得新建任何建筑物,以保持与古桥一体的山体、农田、建筑的原生风貌;而桥两端各 15m 范围内为控制带,严禁违规建设,对已违建或与古桥建筑区域整体不协调的建筑予以拆除、改造,并及时向社会公布;疏通淤塞河道、净化水质,在古桥周边增设垃圾投放箱,较远处设置垃圾集中回收处理点,以改善古桥的原生环境。

（3）树立明确的保护标识牌

对古桥区域内,经文物部门审定的古桥、民居及遗址、建筑构件、题刻、物件,于古桥两端竖立明确的保护标志牌,明确责任人,予以保护;经过科学检测,明确古桥荷载情况,古桥周边路口竖立明确交通导向、限定信息,以确保古桥基体的安全。

（4）建立古桥文化资源数据库

利用计算机信息数据库技术,建立具备联网、查询、数据采集等功能的鄂南地区桥梁专题数据库,以实时监控并对比古桥原生环境变化情况,并为古桥进一步的统计、分析、研究、保护提供依据。

5.5.2　加强监管完善古桥相关保护措施

（1）健全鄂南地区古桥梁法制体系

建立健全专项具体的鄂南地区古桥梁建筑管理保护法规体系,完善和修订《鄂南地区古桥古建保护管理办法》《鄂南地区古桥原生区域绿线、蓝线管理实施办法》《古桥建筑保护赔偿办法》《鄂南地区古桥保护修缮技术操作规程》等涉及鄂南地区古桥保护的规范性文件,为依法护桥,古桥标准化管理维护提供依据和标准。

（2）完善鄂南地区古桥的监管体系

建立一个由市镇主管部门领导,村委、街道、社区负责督察,企事业单位包管的现代化古桥文物管理制度,明确各级组织机构的职责、权利、构成及相应的组织程序,构建合理的古桥监控治理结构。

加强古桥建筑遗址的定期巡查与维护工作。可积极发展鄂南乡镇或地方古桥保护成员,并成立民间古桥监查保护组织,定期对鄂南现存古桥遗址予以巡查,及时发现和反馈古桥梁建筑隐患问题,有效避免人为拆除或破坏事件的再次发生。

实施相关建设和维修活动依法报批手续,制定保护管理措施,在新农村建设中严禁大拆、大建,并对已经纳入省、市、区三级保护的文物,不得随意改变原貌,维修要在文物部门的具体监管、审批、指导下进行,尽量做到"修旧如旧"。

(3)积极拓展鄂南地区古桥保护与发展的资金渠道

要进一步制定有利于古桥事业发展的政策,积极采取有偿使用、有偿服务和合理化的方法拓宽鄂南地区古桥维护与发展的资金渠道。按照分级管理的原则,建议政府相关部门对区域内区级文物保护单位给予保护经费,以维持文物的简单维修保护;本着"谁投资,谁建设,谁受益"的框架下,在力争做到政府政策倾斜、财政稳定投入的基础上,采取合作开发、发行债券、集资、捐资、有偿使用等形式,积极争取社会组织、企业或个人参与古桥建设维护和发展。

5.5.3　打造鄂南古桥建筑的特色文化

正可谓"无桥不成路,无桥不成村,无桥不成乡,无桥不成镇,无桥不成市"。自古以来,"依桥而成市、因桥而兴镇、赖桥而闻名"就成了鄂南文化脉络中不可或缺的组成部分①。可以说,在鄂南,这些古桥不仅成了鄂南地区经济、生活的重要纽带,也构筑了鄂南古桥"文化生态"的壮丽图景(见图5－27)。因此,在延续鄂南地区古桥文化脉络发展中应做到:

图5－27　万寿桥内远眺尽览鄂南碧水蓝天下的"乡野"之美(作者自摄)

---

① 夏晋.鄂南地区古桥梁建筑的技艺特点及其保护探讨[J].中南民族大学学报(人文社会科学版),2014(03):20－23.

（1）保护地域文化特质，传承鄂南地区古桥文化的发展脉络

保护地域的文化特质。对刘家桥、高桥、汀泗桥等当前保存较为完整的人文古迹及其周边古民居、古镇、农田等生态环境群落进行保护，深入挖掘人文历史背后的脉络，结合其人文历史特点与风貌特色，大力发展历史文化特色公园、人文主题公园等配套生态改造保护工程，使新旧城市人文景观有机结合。

传承鄂南地区古桥文化特色的脉络，在当代文化主题中注入现代人文特质。在老城区建设发展规划中，尽量做到以古桥为脉络的节点，合理规划建设布局基础设施；在新城区、乡镇、主题公园、广场等新城区规划发展项目中，应结合地形、地貌特点，新建新桥、以桥命名，汲取鄂南地区古桥、桥亭、建筑、民居的传统构建，运用具有地域特色的材料与现代技术手段，筑山理水，设计布局，努力构筑一幅幅恬静淡雅且相映成趣的鄂南地区特色小镇画卷，使人置身城中，悠然体味鄂南地区古桥文化山水的"现代骨、传统魂、自然衣"。

（2）塑造"千桥文化"形象，不断提升鄂南地区文化新风建设

力求地域文化建设"点、线、面"相结合，以彰显多姿多彩的鄂南地区"千桥文化"形象。

注重"门户"的古桥文化特色。站台、码头、港口是鄂南地区文化形象的"门户"，应重点推进火车站台、客运码头、高速路口的形象改造，注重古桥文化景观特征的塑造；在建筑物方面，亦可汲取极具鄂南地区古桥建筑的特色元素与站台、码头、港口的功能特点相结合，如：以赵州桥为造型蓝本的石家庄高铁站台，以强化对地域古桥文化的视觉"第一"印象。

塑造"节点"的古桥文化品质。街景小品是鄂南地区形象文化的"点缀"，应在不同交通节点，适当营造与鄂南地区古桥文化形象相符，且各具特色的主题性人文景观、雕塑小品、宣传海报等，以提升鄂南地区古桥文化的品质。

展示"空间"的古桥文化风貌。市镇道路是鄂南地区古桥形象网络空间的"骨架"，对地域空间形态组织及地域景观特征塑造等方面起到了重要作用。因此，城区道路毗邻自然环境，应因地就势加强山、水、桥、城的穿插交融，展示出鄂南地区千桥古韵的自然风貌。

提升"岸线"的古桥文化特色。滨水岸线是鄂南地区整体形象的"窗口"，应注重古桥沿岸、河道、建筑、绿化景观带的建设，强化古桥、小镇、丘陵的"立

体"生态特征。结合地块区位特征和定位,严格限定河岸线——城区建筑——背景山脉由低至高渐变递增的高度控制线,营造一个充满古桥小镇风情、乡野农田之美的生态生活环境。

(3)发展古桥文化旅游,动态呈现鄂南地区古桥人文新气象

大力发展古桥文化旅游项目,通过鄂南地区古桥游览流线"上山、下水、游城"的组织方式,采取步行、自驾、骑行等多元游览方式,多角度、动态化展现鄂南地区古桥生态文化特色。

上山。利用乡野古桥所处丘陵地貌的天然生态环境,以及自然山体的登高、远眺、俯览的视觉优势,依据鄂南地区丘陵山体的不同走势,适时开发适合爬山、山地骑行等各具形态的古桥生态旅游线路、观景设施、休闲农庄等以形成"山、水、桥、城"的视觉沟通。

下水。利用古桥所处河道天然的滨水优势,控制好古桥滨水沿岸整体生态形象及滨水岸线的天际轮廓线景观效果,适度开发河滩景观带,以及划船、步道等休闲项目,描绘"以天空昼夜为底图,由古桥、古城、老街组团,以及河滩景观点缀"的古桥生态文化图景。

游城。通过步行、自驾、船游、骑行等不同形式的游览方式,将古桥人文与景观串联起来,形成多层次、立体化凸显鄂南地区古桥建筑所孕育的"茶马古道文化""北伐战役史诗"及其"月桂人文景观"等丰富的文化特色景观链。

(4)深入开展人文建设教育,推进古桥文化与社会的沟通

搜集、挖掘和整理相关鄂南古桥梁建筑的民间故事、民谣传说、风俗仪典等极具地方特色的民俗文化,深入挖掘鄂南地区人文历史中所蕴涵的"真、善、美"的精神文化内涵,加大宣传力度,通过邀请文学、书法、艺术等名家撰文、题词、诗赋,组织编排大型古桥文化舞台剧目等以扩大鄂南地区古桥"人文历史"的知名度。

大力开展城区古桥文化与人文素养相结合等城市文化发展主题,打造"鄂南地区古桥"品牌文化,引导城区居民树立乐善好施的道德观、古桥文化生态的价值观等生态文明观念,积极倡导"城为我兴,我为桥荣"的人文环境建设理念,激发人们的喜爱之情、怀古之思和呵护之意,提高公众对古桥生态文化的感悟力和认知水平,使城区居民都成为新时期古桥生态文化中"人文"建设的一份子,推进城区传统与现代人文的传承与延续。

营造古桥文明新风尚,实施古桥生态与人文城建主题年发展计划,探索全民护桥的有效形式。如:举办鄂南地区古桥梁建筑摄影展、环古桥户外体育赛事、古桥生态旅游节等节庆活动,形成保护生态、保护环境的良好社会风气,不断推进古桥生态环境建设,将鄂南的地区风情、传统文化、历史文物、城市精神等有机融合起来,使人与自然和谐共处永远成为古桥文化保护事业的价值取向。

5.6　小结

本章以田野调研的事实为依据,通过对鄂南地区现存古桥建筑保护的现状事实、技术参数、现实问题的相关调查、数据采样与统计分析,获取了鄂南古桥建筑遗存现状的相关技术指标(参见附录1),实证了鄂南地区古桥建筑保护现状堪忧的事实。研究指出,"年久失修""城乡建设影响""不合理使用""不得当的维护",以及"周边环境的改变"五个方面是造成鄂南古桥建筑保护问题的主因。借此,研究先后依托"传统乡土古建保护理论思想"的梳理,"中国城乡建设发展改革"的指向,以及"文化生态可持续发展思想"的探索,提出针对鄂南地区现存古桥建筑应树立全新的保护观念,加大原生环境生态保护建设;分级分类管理,建立鄂南地区现存古桥建筑资源信息库;明确责任主体,实施科学保护,合理进行古桥资源开发;塑造城市精神内涵,挖掘文化底蕴,推进古桥民俗文化建设等五个方面的对策建议,并明确了鄂南地区古桥建筑遗存保护与发展的具体措施和建议。

6 结 语

　　本书以鄂南地区现存古桥梁建筑艺术的田野实测调查为基础,以当地古桥建筑艺术发展的历史脉络为轨迹,采用历史信息追溯的方式,梳理了鄂南地区现存古桥梁建筑及其艺术发展的脉络,领略了多姿多彩的鄂南桥乡文化和精湛的古桥建筑艺术。在研究方法上,本书试图将鄂南地区现存古桥梁建筑置于荆楚文化的大视野中,建构一种以古桥梁建筑艺术形态本体意义的研究方法。本研究对相关文献史料的数据信息予以考证,基于古桥建筑艺术的特定视角,从其所处自然地理环境条件、人文艺术科技价值、社会历史属性等多个方面,分析和解读了鄂南地区古桥的造型特色、营造技艺特征、构件装饰手法、社会文化内涵,在对其归纳与总结的基础上,探寻了鄂南地区古桥的共性特征,提炼了其桥梁建筑形态的有机成分,最终形成鄂南地区桥文化的形态结构"语言"。此外,本研究在建筑学、生态学等相关学科理论及研究方法的基础上,从文化生态学的角度,将散落于鄂南地区乡野、村落或是城镇中古桥建筑的发生、发展及存在状态落脚于当地乡土文化的整体背景和生长环境之中,分析了荆楚文化背景下鄂南地区地域环境对古桥梁建造的影响,对其建造观念、艺术思维和创造价值予以综合研究和本体还原,同时也展望了鄂南地区"桥"文化艺术的未来发展方向。对于目前尚散落于鄂南山野阡陌间的乡土古桥及其内蕴的博大精深的荆楚艺术,乃至精湛多元的国家文化遗产保护而言,可谓一份丰厚的历史文化遗产资料。

6.1 研究的主要成果

6.1.1 增补鄂南古桥建筑缺失的艺术素材

本研究在进过程实地走访和调查了散落于鄂南地区乡镇、河川、山谷、田野的近百座大小桥梁,通过对鄂南地区现存古桥梁的田野调研和测绘,拍摄了数百张古桥梁建筑及其构建、环境的照片资料,核实了现存古桥的数量、类型的数据,并基于艺术的视角,对这些古桥建筑遗存进行了相关建筑平、立、剖面、结构构件关系、纹饰图样等方面的实地测量与数字化绘制,制作了详细的图表,并对现存古桥梁建筑的各个构件以及构件的类型和特点进行了分类,予以归纳总结。从而,获取了相关鄂南地区古桥梁建筑艺术的"原真"素材,对于鄂南地区地域古桥梁建筑艺术的形态特征有了更为直观的艺术认知。

6.1.2 探讨鄂南古桥建筑活态保护的路径

本研究以"动态"的发展视野,探索了鄂南地区桥梁建筑生成的原因,梳理了其古桥建筑艺术于不同时期发展与变迁的规律及其背后所承载的多种自然、经济、技术、人文等环境因素;并通过对鄂南当地历史信息的挖掘、文化技术的分析、人文特色精神的梳理,有效建构了鄂南地区现存古桥建筑在时代变迁中所形成的独特乡野艺术气质和乡土人文背景下特色的桥梁艺术"话语"框架;并将其与乡土山水、历史、人文相联系,与古桥桥俗文化、社会文化表达、古桥艺术表现及其人文保护策略相结合,重新勾勒了鄂南桥乡乡土人文环境空间的体系,深入探讨了基于现存古桥建筑艺术"活态"保护与发展的路径。

6.1.3 分析鄂南古桥建筑发展的现状问题

本研究在对鄂南地区相关历史信息、桥梁建筑史料文献的分析和整理基础上,沿袭鄂南地区历史信息追溯的方式,综合依托并运用鄂南乡土市镇历史发展脉络框架、河道水文历史地理图表、桥梁建筑艺术演化发展图史等历史地图分析法,绘制了鄂南桥梁建筑艺术发展的历史图景,并对不同时期鄂南地区桥梁建筑发展状况进行了清晰的梳理和归纳总结,从整体上分析了影响鄂南地区古桥梁建筑艺术变迁的主客观因素及其历史特征。

6.1.4 对鄂南现存古桥建筑的保护提出建议

通过对鄂南地区现存古桥梁建筑保护现状问题的实地调查与分析,有针对性地对鄂南现存古桥建筑在保护中存在的问题进行了归纳与总结,深入分析并阐述了其古桥建筑艺术保护背后所纠结的各方因素,并基于建筑个体及其文化整体之间的相互"关联性",借鉴传统建筑"相融相生"之理论精髓,着眼于古桥建筑个体与地域文化整体的"生态"整合,构建了一个以"桥文化"为主体,协同自然环境生态、地域精神生态、社会习俗生态等多生态系统"共生"研究发展的风貌保护模式,提出了相关桥梁建筑与文化协同共生的措施建议。

6.2 研究成果的创新与特色

古桥,既是研究鄂南地区文化沉淀、历史变迁的活化石,同时又是再现鄂南地区历史的活档案。作为文化现象的鄂南地区古桥梁建筑艺术,它一方面是鄂南地区文化载体的展现,展示了一方乡土文明的成果;另一方面又是鄂南民众社会生活中不可或缺的组成部分。它既以独立且独具特色的艺术形态呈现于鄂南民众的生活中,反映着鄂南民众的审美认知与情趣,又与鄂南民众生活中的各个领域,如交通、经济、贸易、文化等,发生着密切的联系,涉及鄂南民众精神与物质生活中的诸多方面。因而,我们只有将鄂南古桥建筑艺术的研究,真实还原到鄂南地区民众生活的原生环境中去,才能真正深入探讨鄂南地区现存古桥建筑艺术的文化内涵。

因此,研究立足于鄂南地区乡土古桥梁建筑艺术保护与发展脉络中的"活性"特征,跳出了以材料和形制阐释或保护古桥建筑风貌的窠臼,强化了地域自然环境与人文环境对桥梁造型艺术形态以及语言表达特征可能造成

的影响,创新突显了古桥建筑与自然生态环境、地域文化的"生态协同"发展特色。其成果特色主要表现在:

(1)着眼于古桥建筑个体与地域文化整体的"生态"整合,建构古桥建筑风貌的"活态"保护模式。

本研究视古桥建筑为"非单一"的个体,更关注其个体与地域文化整体之间的相互"关联性",着眼于个体及其相关的文化整体的生态发展问题研究认为"美丽中国"背景下的乡土建筑风貌保护与发展并非是要以"静态"地护古抑或是仿古为前提,更应保持其文化脉络的"活色生鲜",使其流长于民间生活的"常态"之中,去体验、去感受古桥建筑原生的文化。

(2)绘制了鄂南地区地区古桥建筑的"原真"图像,创造性地提出了地域文化的生态"协同"发展的概念。

本研究立足于鄂南地区地域的古桥梁建筑遗存,以鄂南地区古桥梁建筑的形态和结构特征为具体研究对象,寻绎鄂南地区古桥梁建筑形态和结构所涵盖的地域特色。抽取鄂南地区古桥梁建筑形态的有机成分,提炼其中的核心元素,找出鄂南地区古桥梁建筑的形态和结构中的语言特色及其文化成因。并基于建筑个体及其文化整体之间的相互"关联性",借鉴传统建筑"相融相生"之理论精髓,构建一个以"桥文化"为主体,协同自然环境生态、地域精神生态、社会习俗生态等多生态系统"共生"发展的风貌保护模式。

(3)基于文化生态多元理论框架建构古桥建筑艺术"发展"的对策。填补了单一从建筑学、艺术学、图像学角度研究地域古桥梁建筑风貌及其文化遗产的空白,丰富和拓展了鄂南乃至国内古桥建筑研究的相关方法及理论。

6.3　研究的不足与展望

6.3.1　研究的不足

由于选题及专业认知视角的局限性,研究难免会在地域性和专业性上对于鄂南古桥建筑艺术的认知有所倾向。加之鄂南地区古桥建筑遗存跨度时间久远,相关可供查证、核实的资料相对不足,书中所罗列的资料也多是通过有限的地方方志、史料,实地走访的相关专家、年长村民的口述,抑或是相关历史人文传记信息推测而来,因此,本书在进行历史地图分析时,相关信息获取存在不确定性,难免有所疏漏或不精确的成分。也希望本书能抛砖引玉,成为今后更多关心和爱护古桥的研究学者能为之研究参考,为之进行更为深入的研讨,并通过进一步的研究对本书中的纰漏加以修正与完善。

6.3.2　研究的展望

鄂南自古山多、水多、桥更多,与"小桥流水人家"的江浙古桥不同,其脱胎于湘、浙、赣技艺文化传承,根植于楚地山水神韵,与当地的山水田园共筑了独特的"理水"文化气质——一种基于"高山、隽水、茂林、苍野"共筑的"乡野"格调。然而,随着城乡建设规模的不断扩大,市镇道路的不断拓宽,以及水利、航道等因素的不断改变,使得鄂南地区现存古桥的数量一直处于尚不稳定的状态下。尽管,笔者及研究团队已先后走访调查了鄂南辖属范围内261座古桥,但始终没能一一对鄂南地区的古桥进行详尽的测绘与研究。因此,本书的阶段性研究只能暂时将调研和实测的重点集中于鄂南地区具有代表性,且已被明确列为省、市级文物保护单位的近百座古桥梁建筑中。但这并不意味着这些尚被未列入保护或重点研究的桥梁建筑不具备研究的价值,它们中有些或许只是尚未被挖掘的"璞玉",还有待更多的古桥研究者和桥梁建设者去关注与延展对它们的研究和发现。

古桥建筑遗址申报世界遗产,不失为当下我国古桥文化遗产保护的一种有效途径,但本书暂未对其进行深入论述。其原因一方面是受此次研究阶段性计划内容和时限所致,以致无法对其予以更为深入的研究和探讨;另一方面,也缘于我国古桥研究领域,申遗研究工作不尽完善,可资研究借鉴的资料有限。在我国,尽管许多桥梁建筑领域的专家、学者以及地方政府曾经为中国古桥的申遗工作付出了诸多艰辛的努力,如茅玉麟等委员提出的以中国古桥系列申遗,福建、浙江等省市分别以中国廊桥、中国石桥等名义联合申报世界遗产名录等,但截至2018年7月在我国已入选世界遗产名录的53处遗产中,至今未见以桥梁命名的项目。这一方面说明了以桥梁建筑遗产名义申遗道路的艰巨性。据统计截至 2018 年 7 月,经联合国教科文组织审议通过的世界遗产总数达 1092 处,而直接以桥梁命名的"世界遗产"的桥梁已有 10 处①,仅占总数的 8‰;被列入世界遗产"预备名录"的项目 108 处(中国有 61 处),而其中涉及桥梁建筑或以桥为名的项目仅仅有 7 个②,而我国桥梁建筑遗产也未见入列;另一方面也说明了,尽管我国古桥建造历史悠久,营造技艺辉煌,但以桥梁遗产名义建构申遗的相关研究、准备和完善的工作还需要继续深化,需要继续探寻其世界遗产的特色和内涵的真谛所在。此外,由于本研究所涉及的范围和内容更多的是针对于鄂南当地的古桥及其乡野艺术特色方面,而在古桥申遗这方面所涉及的研究广度和深度必然有限。因此,研究也暂未对涉及这些方面的内容予以深入论述。由此所导致的研究内容缺失,也期待课题后续的相关研究予以进一步深化与完善,力求为鄂南古桥申报国家级文化遗产,甚至是参与世遗联合申报提出具有价值的建议和策略贡献。

伴随着鄂南城乡经济的不断发展,社会文化层次的不断升华,民众审美意识形态的不断提升,人们对于古桥建筑遗产的融合保护与可持续发展也必然会成为鄂南城乡建设发展长期关注的话题。但是,在我们对古桥梁建筑关注与保护的同时,也不难发现为了适应当代社会发展的需要,一些能够承载现代交通功能,运用现代科技材料的仿古桥梁建筑逐渐闪现于我们的现实生活中。它们看"似"传承,却非真正意义上的"仿"造;确有技术的创新,却缺少

---

① 10 座位列世界遗产名录的桥梁:1985 年入选的西班牙塞哥维亚古城及其水道桥(Old Town of Segovia and its Aqueduct);1985 年入选的法国嘉德古罗马水道桥(Pont du Gard – Roma Aqueduct);1986 年入选的英国乔治铁桥(Ironbridge Gorge);1995 年入选的法国阿维尼翁历史中心:教皇宫,主教圣堂和阿维尼翁桥(Historic Centre of Avignon:Papal Palace,Episcopal Ensemble and Avignon Bridge);1997 年入选的意大利卡塞塔 18 世纪花园皇宫、凡维特里水道桥和圣勒西奥建筑群(18th – Century Royal Palace at Caserta with the Park, the Aqueduct of Vanvitelli, and the San Leucio Complex);2005 年入选的波黑莫斯塔尔老城区古桥(Old Bridge Area of the Old City of Mostar);2006 年入选的北爱尔兰庞特西斯特水道桥与运河(Pontcysyllte Aqueduct and Canal);2006 年入选的西班牙维斯盖亚桥(Vizcaya Bridge);2007 年入选的波黑穆罕默德·巴夏·索科罗维奇桥(Mehmed Paša Sokolovi ć Bridge);2015 年入选的苏格兰福斯桥(The Forth Bridge)。

② 7 座位列世界遗产预备名录中的桥梁:1998 年入选的智利马莱索桥(Malleco Viaduct);1999 年入选的英国第四铁路桥(The Forth Rail Bridge);2001 年入选的墨西哥帕德雷坦布尔克渡槽(Aqueduct of Padre Tembleque);2001 年入选的俄罗斯叶尼塞河铁路桥(Railway Bridge over Yenissey River);2002 年入选的塞浦路斯马伦塔大桥(Malounta Bridge);2002 年入选的塞浦路斯克里楼大桥(Klirou Bridge);2008 年入选的伊朗郝久古桥(The Khaju Bridge)。

"人"与"文"的延续。尽管,本书关注的也仅仅是古桥建筑人文精神下视觉呈现与表达一个侧面,但也期望由此引发当代城乡桥梁设计与研究,对于当下现实需求的桥梁技术冷漠下的些许人文温情的思考与自然的融合,这也是本书后续研究努力的方向。

参考文献

[1]唐寰澄.中国古代桥梁[M].北京:文物出版社,1957.

[2]湖北省文物局.湖北省第三次全国文物普查资料,2011.

[3]湖北省咸宁市交通志编纂委员会.咸宁交通志,1985.

[4]刘明恒.千桥流水[M].武汉:湖北科学技术出版社,2009.

[5]项海帆,潘洪萱等.中国桥梁史纲[M].上海:同济大学出版社,2009.

[6]中华人民共和国交通部.中国桥谱[M].北京:外文出版社,2003.

[7]茅以升,唐寰澄.中国古桥技术史[M].北京:北京出版社,1986.

[8]罗英.中国石桥[M].北京:人民交通出版社,1959.

[9]杨志强,罗关洲等.石桥营造技艺[M].杭州:浙江摄影出版社,2014.

[10][德]弗里茨·莱昂哈特.桥梁建筑艺术与造型[M].北京:人民交通出版社,1988.

[11][英]马丁·皮尔斯,理查德·乔布森.桥梁建筑[M].吴静妹,王荣武译.大连:大连理工大学出版社,2003.

[12][日]伊藤学.桥梁造型[M].刘健新等译.北京:人民交通出版社,1998.

[13]吴礼冠.图像中国古代桥梁[M].北京:中国建筑工业出版社,2011.

[14]张俊,陈云峰.云南古桥建筑(上下)[M].昆明:云南美术出版社,2008.

[15]宁德市文化与出版局.宁德市虹梁式木构廊屋桥考古调查与研究:福建文物考古报告[M].北京:科学出版社,2006.

[16]吴齐正.浙江古桥遗韵[M].杭州:杭州出版社,2011.

[17]茅以升.桥梁史话[M].北京:北京出版社,2012.

[18]唐寰澄.中国古代桥梁[M].北京:中国建筑工业出版社,2011.

[19]潘洪萱,金宝源.江南古桥[M].杭州:浙江摄影出版社,1999.

[20]庆元县县委宣传部.中国廊桥之都——庆元[M].杭州:西泠印社出版社,2007.

[21]周浩明.可持续室内环境设计理论[M].北京:中国建筑工业出版社,2011.

[22]郭唯,袁书琪,李晓.福州古桥文化资源特征保护及开发利用初探[J].福建地理,2006(6):55-58.

[23]何国松,黄莉敏等.2000—2009年咸宁丘陵山区耕地集约利用变化分析[J].资源开发与市场,2011(12):1073-1074.

[24]涂家才.江夏区现存古桥[J].武汉文史资料,2003(6):55-56.

[25]李百浩,陈丹.因桥而兴的湖北古镇——崇阳白霓镇[J].华中建筑,2006(1):108-113.

[26]夏晋.鄂南地区古桥梁建筑的技艺特点及其保护探讨[J].中南民族大学学报(人文社会科学版),2014(3):20-23.

[27]夏晋.鄂南地区现存古桥梁建筑的现状调查与分析[J].湖北社会科学,2014(7):73-78.

[28]沈海龙,王文藜,左沐涟.苏州古桥装饰艺术的民俗文化意蕴与美学特征[J].艺术研究,2015(4):34-35.

[29]杨晖,张雪梅,姜雪丽,罗兴萍.无锡古桥的历史文化内涵与保护研究[J].江南论坛,2015(12):33-34.

[30]丁大钧.中国绍兴现存古石桥建筑[J].建筑科学与工程学报,2005(3):6-15.

[31]王其明.中国古桥艺术评述[J].北京建筑工程学院学报,2000(3):68-75.

[32]曾丽洁.释家文化与中国古桥关系探析——以潮州湘子桥为例[J].华北水利水电学院学报,2011(12):8-10.

[33]张伦超.滁州古桥建筑文化内涵及保护开发研究[J].滁州学院学报,2013(8):4-7.

[34]张俊.清代两湖地区桥梁与渡口[D].武汉:武汉大学史学,2004.

[35]张智敏.中国南方典型廊桥研究[D].广州:华南理工大学建筑学,2003.

[36]石泉彬.泰州市古建桥梁调研与典型古桥的加固保护研究[D].南京:南京林业大学,2012.

[37]冯倩.浙江宋元时期桥梁研究[D].杭州:浙江大学,2011.

[38]丁媛.中国古代桥梁文化专题研究[D].武汉:华中师范大学,2013.

[39]蒋烨.中国廊桥建筑与文化研究[D].长沙:中南大学,2010:261-262.

附录1 鄂南古桥建筑现状调查一览表

序号	桥梁名称	桥址乡镇	建造年代	类型	孔数	跨径（m）	桥长（m）	桥宽（m）	矢高（m）	技术状况
1	蔡咀大桥	嘉鱼县官桥镇	清代	石梁	5	5.4－5.7	33	1.8	7	桥墩受损
2	硃砂桥	嘉鱼县朱砂村	明成化二十二年	石拱	1	5.7	15.2	6.7	6.2	可通汽车
3	东阳桥	嘉鱼县朱砂村	民国	石拱	1	2.1	10	4.1	1.3	结构完整
4	瓦胜山桥	嘉鱼县瓦胜山村	清代	石拱	1	2.8	7	2.9	2.6	结构完整
5	任家桥	嘉鱼县大屋任家	清代	石拱	3	3.5	21	6	4.4	已改现浇
6	铁桥	嘉鱼县九龙村	明洪武元年	石拱	1	2.6	3.5	2	2.5	桥亭损毁
7	周家桥	嘉鱼县大屋周家	明正德十一年	石拱	3	4.5	50	3.5		桥基遗存
8	净堡桥	嘉鱼县静宝村	元代元统年间	石拱	1	8	64	6	7	重压受损
9	下舒桥	嘉鱼县大牛山村	元代至正元年	石拱	1	5	16.5	4.8	4.7	重压受损
10	温家桥	嘉鱼县温家村	清乾隆二十八年	石拱	1	6	10	3	5	桥体改造
11	蜀湖桥	嘉鱼县石鼓岭村	元至正二十五年	石梁	1	5	10	4	5.5	结构完整

序号	桥梁名称	桥址乡镇	建造年代	类型	孔数	跨径（m）	桥长（m）	桥宽（m）	矢高（m）	技术状况
12	董公桥	嘉鱼县石井铺村	明万历三十五年	石拱	1	3	7	2.7	2.4	结构完整
13	舒家桥	嘉鱼县舒家咀	清代辛亥年	石拱	1	1	8	2.5	2.5	桥面受损
14	新桥	嘉鱼县米埠村	清代	石拱	1	3.8	6.2	3.6	2.8	结构完整
15	程家桥	嘉鱼县跑马岭村	清代	石拱	1	6.7	11	5	3.3	结构完整
16	兔家坡石拱桥	嘉鱼县观音寺村	清代	石拱	1	1.5	5.7	5	2.2	结构完整
17	朱家桥	嘉鱼县舒桥村	清代	石拱	1	4.3	11.3	3.2～4.5	3.1	已改现浇
18	黄家桥	嘉鱼县黄家村	清代	石拱	1	3	9.1	3.1～3.9	3.1	已改现浇
19	上新桥	嘉鱼县陆水村六组	清代	石拱	1	5.3	14	4	1.7	结构完整
20	下新桥	嘉鱼县陆水村下龚家	清代	石拱	1	3.9	10	2.8	2.7	结构完整
21	高桥	高桥镇高桥河	清道光辛卯年	石拱	5	8	55	4.8	6	可通汽车
22	刘桥	高桥镇宋银村	清嘉庆	石拱	1	8	11.3	5.1	5.1	可通汽车
23	孟家桥	高桥堰头村	清嘉庆二十五年	石拱	3	22.8	26	3.8	6	桥墩损坏
24	字纸藏桥	高桥镇石溪村	清光绪七年	石拱	2	3	7.3	3.2	2.5	桥面毁半
25	三眼桥	高桥镇黄家垄	清代	石拱	3	6.5	28	7.7	5.6	可通车辆
26	阮家桥	高桥镇王旭村	1918年	石拱	5	7	60	4.7	6.4	结构完整

序号	桥梁名称	桥址乡镇	建造年代	类型	孔数	跨径（m）	桥长（m）	桥宽（m）	矢高（m）	技术状况
27	袁家桥	高桥镇孙家垄	清光绪五年	石拱	5	8.5	3.4	2.7	5	侧面略损
28	游家桥	高桥镇孙家畈	清宣统元年	石拱	1	11.1	17	5	6.5	结构完整
29	福禄桥	高桥镇堰头村	清光绪乙未年	木梁	2	13	17	4.5	4.5	已改现浇
30	宋家桥	高桥镇宋家庄	清代	石拱	3	19	24	4.4	4	结构完整
31	坳头桥	高桥镇坳头沟	清道光乙酉年	石拱	1	6	9	4.3	4.5	侧墙部分损坏
32	新桥	高桥镇宋银村	清嘉庆十二年	石拱	1	8.2	12	4.5	4.5	结构完整
33	刘炳桥	高桥镇夏林村	清代	石拱	1	8.3	11	5.6	4.6	结构完整
34	胡家桥	高桥镇白岩村	清代	石拱	1	4	4.7	2.8	3.3	结构完整
35	老屋韩桥	高桥镇老屋韩	清代	石拱	1	4.6	6.5	3.5	3.5	结构完整
36	余夏上首桥	高桥镇白岩泉村	清代	石拱	1	6.1	7.6	4.7	4.1	结构完整
37	余夏下首桥	高桥镇白岩泉村	清代	石拱	1	6.6	7.6	4.9	4.3	结构完整
38	陈伍桥	高桥镇白岩泉村	清代	石拱	1	5.3	7.6	4.8	3.5	结构完整
39	余星桥	高桥镇白岩泉村	清代	石拱	1	6	6.4	4.5	3.8	结构完整
40	小港桥	高桥镇白岩泉村	清代	石拱	1	3	5	3.7	2.9	结构完整
41	王宗儒桥	高桥镇王宗儒村	清代	石拱	1	6.6	9.4	4.3	3.9	结构完整

续表

序号	桥梁名称	桥址乡镇	建造年代	类型	孔数	跨径（m）	桥长（m）	桥宽（m）	矢高（m）	技术状况
42	韩家桥	高桥镇夏林村	1950年	石拱	1	6.4	8.6	4.9	4.3	结构完整
43	张家桥	高桥镇青山村	清乾隆十八年	石拱	1	5	8.5	3.4	2.7	桥亭损毁
44	周胜桥	高桥镇夏林村	清光绪二十五年	石拱	1	8	10	4.5	3.5	桥面略损
45	吴私桥	高桥镇刘英村	清光绪十六年	石拱	1	7	10	4.3	3.5	桥面略损
46	潘家桥	双溪镇潘桥庄	清嘉庆七年	石拱	1	9.5	17	5.5	5.7	结构完整
47	潘家小桥	双溪镇石板畈	清代	石拱	1	6	10	5	5	结构完整
48	苦竹桥	双溪镇新屋王芳	清代	石拱	1	9	15	4.5	5.5	结构完整
49	官山桥	双溪镇官山下	清代	石拱	1	12	15	4.5	5	结构完整
50	石门山桥	双溪镇石门山庄	清代	石拱	1	9	3	5	5.5	结构完整
51	墩下桥	双溪镇墙背村	1924年	石拱	1	8	13	4.5	5.5	可通车辆
52	麦湾桥	双溪镇大屋吴庄	清同治二年	石梁	3	8.5	8	1.2	2.5	结构完整
53	下范桥	双溪镇畈张村	清代	石拱	1	6	8	4	3	结构完整
54	六孔桥	双溪镇港下陈	清代	石拱	6	17	21	3.5	3	结构完整
55	小高桥	双溪镇陈祠村	1939年	石拱	1	6.3	10.5	3.7	4	两侧墙损
56	老妈桥	双溪镇杨仁铺村	清代	石拱	1	6	8	2.5	4	结构完整

序号	桥梁名称	桥址乡镇	建造年代	类型	孔数	跨径（m）	桥长（m）	桥宽（m）	矢高（m）	技术状况
57	小浮桥	双溪镇浮桥村	1928年	石拱	1	3	5	3	4	部分损坏
58	陈冕桥	双溪镇陈冕庄	清代	石拱	1	3	5	4	4	略有塌陷
59	老碾屋桥	双溪镇下山黎	清代	石拱	1	3	4	2	2.4	结构完整
60	陈北海桥	双溪镇陈北海	清代	石拱	1	3.5	4.5	2.4	2.8	结构完整
61	伯敬山桥	双溪镇黄伯敬村	清代	石拱	1	3	4	2.2	2.4	结构完整
62	大垅桥	双溪镇下新屋	清代	石拱	1	3.5	4	3	2.5	结构完整
63	南山黄桥	双溪镇高铺村	清代	石拱	1	3	4	2	2.45	结构完整
64	高仕富桥	双溪镇高铺村	清代	石拱	1	3.5	4.5	3	4	结构完整
65	周李桥	双溪镇周李	清代	石拱	1	4	5	4	4	结构完整
66	大窝蔡桥	双溪镇大窝蔡庄	清代	石拱	1	7	8	3.5	5	结构完整
67	王新南桥	双溪镇王新南庄	清代	石拱	1	3	3.5	3	2.5	结构完整
68	高七桥	双溪镇高七村	清代	石拱	1	5	6	4	4	结构完整
69	刘书桥	双溪镇李容铺村	清代	石拱	1	7	7.5	3	3	结构完整
70	刘家桥	双溪镇刘德华庄	清代	石拱	1	13	4	5	4	结构完整
71	女儿桥	双溪镇周桥村	清代	石拱	1	4	5	8	3	可通车辆

序号	桥梁名称	桥址乡镇	建造年代	类型	孔数	跨径（m）	桥长（m）	桥宽（m）	矢高（m）	技术状况
72	但家桥	双溪镇王世泉庄	清代	石拱	1	5	6	4	5	结构完整
73	上新桥	双溪镇周桥大队	清代	石拱	1	5	6	4	5.2	结构完整
74	下新桥	双溪镇周桥村	清代	石拱	1	5	6	4	5.5	结构完整
75	黄牛不出栏桥	双溪镇周桥村	清代	石拱	1	4.5	5	3.5	4	结构完整
76	周桥	双溪镇周桥村	清代	石拱	1	15	20	8	5.5	桥亭受损
77	周家桥	双溪镇周家庄	清乾隆十年	石拱	1	9	13	5.8	5	结构完整
78	林家桥	双溪镇李溶村	清代	石拱	1	1	6	4	5.5	结构完整
79	东门桥	李沛镇重塘村	清代	石拱	1	5.5	10	4	6	结构完整
80	横沟桥	横沟镇郑家庄	清代	石拱	1	7	10	4	3	结构完整
81	钟咀桥	横沟镇钟咀村	清代	石拱	1	11	15	3	6	结构完整
82	安家桥	横沟镇安家下首	清代	石拱	1	3	5	2.5	3	结构完整
83	李堡桥	横沟镇李堡村	清代	石拱	1	18	22	3.8	5.5	结构完整
84	杨胡桥	横沟镇胡桥村	清代	石拱	1	4	7.4	4.2	4.3	已改现浇
85	上方桥	横沟镇胡桥村	清代	石拱	1	3.4	6.8	3.8	4	已改现浇
86	下方桥	横沟镇胡桥村	清代	石拱	1	3.8	6.8	3.4	4	已改现浇

序号	桥梁名称	桥址乡镇	建造年代	类型	孔数	跨径（m）	桥长（m）	桥宽（m）	矢高（m）	技术状况
87	罗家桥	横沟镇胡桥村	清代	石拱	1	3.2	7	3.8	4	已改现浇
88	鹿过桥	横沟镇鹿过村	明万历年间	石拱	1	6	9	4	4	可通车辆
89	高头铺桥	横沟镇鹿过村	清代	石拱	1	3.7	4.9	3.4	2.2	已改现浇
90	上程桥	横沟镇鹿过村	清代	石拱	1	3.4	5.3	3	3.1	结构完整
91	枫树下桥	横沟镇鹿过村	清代	石梁	2	2.1	5.4	1.05	1.8	结构完整
92	余家桥	横沟镇鹿过村	清代	石梁	2	1.9	5.1	1.1	2	结构完整
93	樊基桥	横沟镇鹿过村	清代	石梁	1	4.4	6	3.8	4.1	结构完整
94	李君桥	横沟镇鹿过村	清代	石梁	2	1.7	4	1.6	2.2	结构完整
95	老屋杨桥	横沟镇杨畈村	清代	石拱	1	3	3.8	2.2	3	结构完整
96	张王吴桥	横沟镇黄山村	清代	石拱	1	3.6	5	3.4	3.8	结构完整
97	下门熊桥	横沟镇黄山村	清代	石拱	1	3	4.6	3.6	3	结构完整
98	下余桥	横沟镇黄山村	清代	石拱	1	3.2	4	3.5	3.3	结构完整
99	廖家桥	横沟镇田铺廖家	清代	石拱	2	9	12	4	3	结构完整
100	甘罗桥	横沟镇群力村	清代	石拱	1	6	8	3	4	结构完整
101	徐李桥	横沟镇徐李庄	清代	石拱	1	6	8	3	3	可通车辆

续表

序号	桥梁名称	桥址乡镇	建造年代	类型	孔数	跨径（m）	桥长（m）	桥宽（m）	矢高（m）	技术状况
102	余家港桥	横沟镇李堡大队	清代	石拱	1	3.9	9.8	3.2	3.4	结构完整
103	刘家新屋桥	横沟镇长岭至团林处	清代	石拱	1	3	4.5	3.2	2.4	损坏严重
104	朱家咀桥	横沟镇官山村	清代	石拱	1	3.3	5	2.2	3.4	结构完整
105	新屋陈桥	横沟镇新屋陈	清道光十九年	石拱	3	12	16	4.35	4.7	已改现浇
106	舒屋崀桥	横沟镇舒家庄	清乾隆五十六年	石拱	1	6.5	9.2	4.3	7.3	可通车辆
107	没水桥	横沟镇新屋陈	清代	石拱	1	3	3.6	2.4	3	结构完整
108	六斋桥	横沟镇官山村	清代	石拱	1	3	3.6	2.4	3	结构完整
109	独桥	横沟镇下屋杨	清乾隆六十年	石拱	1	5	8	6.1	4.5	可通车辆
110	毛桥	横沟镇杨畈方	清嘉庆二十年	石拱	1	5.5	8	2.8	4.5	结构完整
111	袁北山桥	横沟镇袁铺村	清代	石拱	2	15	18	4	3	结构完整
112	夏家桥	横沟镇江桥村	清代	石拱	1	5	8	3	3	结构完整
113	贺胜桥	贺胜桥镇老街北端	1913年	石拱	1	6	8	3.5	2.5	结构完整
114	冠山桥	贺胜桥镇老街北端	清代	石拱	1	7	9	2.5	2.5	结构完整
115	徐家桥	贺胜桥镇徐家庄	清代	石拱	1	7	9	4	3	结构完整
116	下殷桥	贺胜桥镇余花坪	清代	石拱	1	5	7	4	6	结构完整

序号	桥梁名称	桥址乡镇	建造年代	类型	孔数	跨径（m）	桥长（m）	桥宽（m）	矢高（m）	技术状况
117	汪家桥	贺胜桥镇汪家堤	1932 年	石梁	3	12.5	20.5	4	3	结构完整
118	赵坡桥	官埠桥镇甘家桥庄	清代	石拱	1	3	5	2.5	3	结构完整
119	祝家桥	官埠桥镇祝家村	清代	石拱	1	3	5	2.5	4	结构完整
120	吴家咀桥	官埠桥镇吴家咀	清代	石拱	1	3.4	8.3	3.5	3.1	桥面受损
121	港桥	官埠桥镇胡翰林	清代	石拱	1	5	7	2	3	已改现浇
122	毛包桥	官埠桥镇河背村	清代	石梁	1	3.6	8.4	1.5	4	结构完整
123	陈甘桥	官埠桥镇河背村	清代	石拱	1	3.9	7.5	3.4	3	部分受损
124	杨黑桥	官埠桥镇河背村	清代	石梁	1	3.4	6.5	1.2	3.4	部分受损
125	刘家桥	官埠桥镇河背村	清代	石拱	1	3.3	11.2	4	3	结构完整
126	官埠桥	官埠桥镇老街	明末	石拱	3	20	25	5.5	4	结构完整
127	谭家铺桥	官埠桥镇古楼村	清代	石梁	1	5.5	8	2	2.5	结构完整
128	小泉畈桥	官埠桥镇小泉村	清代	石拱	1	10	12	3	3.5	可通车辆
129	钱家桥	官埠桥镇老屋钱	清代	石梁	1	5	7	1	2	结构完整
130	湾桥	官埠桥镇栗林村	清代	石梁	1	6	8	1	1.5	结构完整
131	鲁家桥	官埠桥镇鲁家窝	清代	石拱	1	5.5	8	3	6	结构完整

序号	桥梁名称	桥址乡镇	建造年代	类型	孔数	跨径（m）	桥长（m）	桥宽（m）	矢高（m）	技术状况
132	甘家桥	官埠桥镇甘家海	清代	石梁	2	4.5	6	2	4	结构完整
133	老海桥	官埠桥镇海桥村	清代	石拱	1	4	10	3.6	4.5	可通车辆
134	团林桥	官埠桥镇团林村	清代	石拱	1	4.8	10	4.1	3.5	桥面损坏
135	下屋桥	大幕乡章堡村	清代	石拱	1	12	15	3.3	2.5	桥亭重建
136	坳下桥	大幕乡大屋湾	清代	石拱	1	7.5	10.5	4.2	4.3	结构完整
137	杨林桥	大幕乡西山下村	清代	石拱	1	7	10	5	5	部分损坏
138	胡家街桥	大幕乡胡家街下首	清代	石拱	1	5.5	8	5	5	结构完整
139	大屋湾桥	大幕乡大屋湾上首	清代	石梁	2	5.5	7	1	2.5	结构完整
140	胡家山桥	大幕乡大屋湾上首	清代	石梁	2	6.5	8	1.2	2.5	结构完整
141	胡家山桥	大幕乡大屋湾下首	清代	石拱	2	6	9	3.8	3.2	结构完整
142	山下陈桥	大幕乡山下陈	清代	石拱	1	4.5	6	4	4	结构完整
143	余章堡桥	大幕乡余章堡	清代	石拱	2	6	8	3.5	2	结构完整
144	余章堡桥	大幕乡余章堡下首	清代	石拱	1	5.5	8	4	5.5	结构完整
145	章桂桥	大幕乡高湾村	清代	石拱	1	5.5	8	3.5	4	结构完整
146	东畈桥	大幕乡东畈陈	1914年	石梁	3	12.5	16.5	1.25	3	结构完整

序号	桥梁名称	桥址乡镇	建造年代	类型	孔数	跨径（m）	桥长（m）	桥宽（m）	矢高（m）	技术状况
147	港背桥	大幕乡港背村	清光绪六年	石梁	3	10	12	1	2.5	一孔损坏
148	石桥	大幕乡石桥村	1917年	石拱	3	21	25	4	4	可通车辆
149	金锁桥	大幕乡港背村	1917年	石拱	1	7	9	4.1	4	结构完整
150	黄金桥	大幕乡西山下村	1919年	石拱	1	9	12	5.1	5	结构完整
151	张安保新桥	大幕乡张安堡	1922年	石梁	3	12.8	17	1.1	2.5	结构完整
152	凉亭桥	大幕乡张安堡	清乾隆十五年	石拱	1	7.5	12	5	5	结构完整
153	阮家桥	大幕乡蔡桥村阮家湾	1913年	石拱	5	48.7	53	3.6	5.2	可通车辆
154	泉山口桥	大幕乡泉山口村	清光绪六年	石拱	1	12	14	5	5	结构完整
155	黄家桥	大幕乡石屋下庄	清代	石拱	1	5	7	3.5	5	结构完整
156	新桥	大幕乡东坑村	清光绪二十五年	石拱	1	5.5	8	3	4	结构完整
157	加碑桥	大幕乡桃花尖村	清代	石拱	1	4.5	7	4.5	5	结构完整
158	毛头桥	大幕乡淡泉张	清代	石拱	1	5.5	8.5	3.5	5.5	部分塌陷
159	镇家桥	大幕乡泉山口镇家	清代	石拱	1	5.5	8	4	5	结构完整
160	邹家桥	大幕乡泉山口邹家	1926年	石拱	1	7	10	4.5	5	结构完整
161	门前桥	大幕乡泉山口门前	清代	石拱	1	7.5	10	5.5	5	结构完整

序号	桥梁名称	桥址乡镇	建造年代	类型	孔数	跨径（m）	桥长（m）	桥宽（m）	矢高（m）	技术状况
162	余家桥	大幕乡马鞍头村	清代	石拱	1	4	6.5	4.5	5.5	结构完整
163	觉理厂桥	大幕乡觉理厂	清代	石拱	1	3.5	5	5	4	结构完整
164	张铁桥	大幕乡常收村上首	清代	石拱	1	3.5	5	4.5	4.5	结构完整
165	张铁桥	大幕乡常收村下首	清代	石拱	1	4.5	7	5.5	4.5	结构完整
166	凡冲桥	大幕乡大塘村上首	清代	石拱	1	3.5	5	5.5	3.5	结构完整
167	凡冲桥	大幕乡大塘村下首	清代	石拱	2	5	7	1.5	4	结构完整
168	项家桥	大幕乡项家庄	清代	石拱	1	3.5	5	4	5	结构完整
169	祝家桥	大幕乡茶地铺村	清代	石拱	1	3.5	5	5	4	结构完整
170	下周桥	大幕乡下周庄	清代	石拱	1	4	6	4	6	结构完整
171	下朱桥	马桥镇鳌山村	清代	石拱	1	4	6	4	4	可通车辆
172	峰麓溪南桥	马桥镇任窝村	明正德九年	石拱	1	10	14	4.6	6	结构完整
173	陆家桥	马桥镇田畈陆家	清代	石拱	5	17	20	4.5	2	结构完整
174	垄口冯桥	马桥镇垄口村	清代	石拱	1	2	3	2	4	结构完整
175	吴家湾桥	马桥镇吴家湾	清代	石梁	1	5	7	2	3	结构完整
176	大木桥	马桥镇张铺村	清代	石拱	1	3	5	3	6	结构完整

续表

序号	桥梁名称	桥址乡镇	建造年代	类型	孔数	跨径（m）	桥长（m）	桥宽（m）	矢高（m）	技术状况
177	帽笠窝桥	马桥镇杨桥村	清代	石梁	2	3	5	2	4	结构完整
178	濯港黄桥	马桥镇濯港村	清代	石梁	2	4	6	2	6	结构完整
179	李家庄桥	马桥镇李家庄	清代	石梁	2	5.5	7	2	4	结构完整
180	钱家庄桥	马桥镇钱家庄	明天启辛酉年	石拱	1	6.5	10	4.2	4	可通车辆
181	新桥	马桥镇龙口村	1934年	石拱	1	9.2	15	4.7	5	结构完整
182	金家桥	马桥镇金曹村	清代	石拱	1	4	5	3	6	结构完整
183	岭王桥	马桥镇栗树乱庄	清代	石拱	1	5	7	3	6	结构完整
184	朱家桥	桂花镇朱桥村	1930年	石拱	3	26	30	4.7	6	可通车辆
185	玉凤桥	桂花镇铁桥村	明清	石拱	5	50	55	4.7	6	一孔损坏
186	三仙桥	桂花镇柏墩村	清代	石拱	3	22.6	24.6	4	4	结构完整
187	山下桥	桂花镇山下顾庄	1924年	石拱	3	19.3	22	4	4.5	经过修复
188	牛屎领桥	桂花镇牛屎岭	清代	石拱	3	17	20	5	3.5	结构完整
189	天保桥	桂花镇石城村	清代	石拱	3	22	25	6	4	结构完整
190	余腊平桥	桂花镇九龙村	清代	石拱	2	17	20	5	3	结构完整
191	渡仙洪桥	桂花镇渡仙洪庄	清代	木梁	1	5	7	5	6	结构完整

序号	桥梁名称	桥址乡镇	建造年代	类型	孔数	跨径（m）	桥长（m）	桥宽（m）	矢高（m）	技术状况
192	中新屋桥	桂花镇石城村	清代	石拱	1	4	6	4	2	结构完整
193	水口桥	桂花镇水口庄	1924年	石拱	1	21	25	4.2	4.5	可通车辆
194	兴桥	桂花镇背头何庄	1927年	石拱	1	11.3	17	4.7	5.5	结构完整
195	上桥	桂花镇花园村	清代	石拱	1	17	20	5	6	结构完整
196	余家桥	桂花镇鸣水泉村	清代	石拱	3	22	25	5	5	可通车辆
197	孙家桥	桂花镇孙家岭	清代	石拱	3	21	25	3.9	5	结构完整
198	石城桥	桂花镇港下雷	清光绪三年	石拱	3	20	24	4.2	4.5	结构完整
199	苏家桥	桂花镇苏家坊	清代	石拱	1	10	14	4.2	6	结构完整
200	万寿桥	桂花镇万寿桥村	清道光二十七年	石拱	3	32.4	34.4	4.8	6	结构完整
201	夏家桥	桂花镇下牌地庄	1914年	石拱	1	6.5	10	3.8	4.5	结构完整
202	金家桥	桂花镇烂泥垄金家	清代	石拱	1	4	6	3	7	结构完整
203	白沙桥	桂花镇白沙桥村	明代弘治年间	石拱	3	31	34	5	4.5	结构完整
204	岭下桥	桂花镇岭下庄	清代	石拱	1	12	15	3	5	结构完整
205	刘家桥	桂花镇刘家桥庄	明崇祯三年	石拱	1	10	20	5	5	结构完整
206	白泉桥	桂花镇白泉村上首	清代	石拱	2	12	15	3	5	结构完整

续表

序号	桥梁名称	桥址乡镇	建造年代	类型	孔数	跨径（m）	桥长（m）	桥宽（m）	矢高（m）	技术状况
207	白泉桥	桂花镇白泉村下首	清代	石拱	1	12	15	3	5.8	结构完整
208	长里桥	桂花镇白泉村	清咸丰十年	石拱	1	8	12	4.2	5	结构完整
209	蚌壳桥	桂花镇桃坪村	清代	石拱	1	7.5	10	2.5	5.6	结构完整
210	高家桥	桂花镇小岭林场	清代	石拱	1	12	15	3.5	6	结构完整
211	盘源桥	桂花镇盘源村	清代	石拱	1	6	8	6	3	桥亭重建
212	高升桥	桂花镇高升村	清代	木梁	1	9	12	3	5	结构完整
213	狮塘桥	桂花镇刘祠村	清代	石梁	2	3.5	5	2	3	结构完整
214	垄里桥	桂花镇垄里庄	清代	石拱	1	6	8	4	7	新建桥亭
215	大桥	浮山街道三班口村	清代	石拱	1	5.6	8.5	3.1	5	可通车辆
216	新桥	浮山街道三班口村	清代	石拱	3	22.5	27	4.3	5	可通车辆
217	松树桥	浮山街道鸡子山村	1919年	石拱	1	6.5	11	3.8	4.7	结构完整
218	老龙潭桥	浮山街道龙潭五组	清同治五年	石拱	5	12	70	5.5	3.5	结构完整
219	汀泗桥	汀泗桥镇汀泗河	南宋淳佑七年	石拱	3	9.2	32	5.5	6.5	结构完整
220	朱家桥	汀泗桥镇彭碑村	清代	石拱	1	4	6	4.5	3	结构完整
221	骆家桥	汀泗桥镇骆家庄	清代	石拱	1	3	5	4.5	3	结构完整

续表

序号	桥梁名称	桥址乡镇	建造年代	类型	孔数	跨径（m）	桥长（m）	桥宽（m）	矢高（m）	技术状况
222	许家桥	汀泗桥镇许家畈	清代	石拱	1	3	5	3.5	2	结构完整
223	周家桥	汀泗桥镇大桥村	清代	石拱	1	3	5	3.5	2	结构完整
224	罗家桥	汀泗桥镇聂家村	清末民初	石拱	1	5	6	3	3	可通车辆
225	戴家桥	汀泗桥镇聂家村	清代	石梁	1	5	6	3.5	4	可通车辆
226	龙家桥	汀泗桥镇聂家村	清代	石拱	1	5	4.5	4	3.5	已改现浇
227	太祖桥	汀泗桥镇铜钉坳	清代	石拱	1	5	10	4	4.5	结构完整
228	雷家桥	汀泗桥镇彭碑村	清代	石拱	1	3	4	3	3	结构完整
229	阚家桥	汀泗桥镇彭碑阚家	清代	石拱	1	5	10	5	3.5	结构完整
230	大桥	汀泗桥镇程益桥村	明末	石拱	3	10	35	5	5	结构完整
231	殷家桥	汀泗桥镇洪口村	清代道光年	石拱	1	5.5	7	4	4	结构完整
232	汪家桥	汀泗桥镇汪家井	清代	石拱	3	16	20	3.8	4	结构完整
233	双碑桥	汀泗桥镇双碑村	清代道光年	石拱	3	18.7	35	5	6	桥面损坏
234	程益桥	汀泗桥镇程益桥村	清代	石拱	3	19.5	35	5	6	结构完整
235	新桥	汀泗桥镇洪口村	1930年	石拱	1	5	7	4	3	结构完整
236	施姑桥	汀泗桥镇古田村	清代	石拱	3	19.5	20	3.1	3	桥亭重建

序号	桥梁名称	桥址乡镇	建造年代	类型	孔数	跨径（m）	桥长（m）	桥宽（m）	矢高（m）	技术状况
237	洪口桥	汀泗桥镇尖山村	清代	石拱	1	17	20	4	2	结构完整
238	军堰山桥	汀泗桥镇佘廖畈	清代	石梁	2	17.5	20	1.5	2	结构完整
239	井水桥	汀泗桥镇尖山村	清代	石拱	1	17	20	3	2	结构完整
240	平岚桥	汀泗桥镇余善里	清代	石拱	1	3	5	3.5	1.2	可通车辆
241	八斗角桥	汀泗桥镇甘家堰尾	清代	石梁	2	4	6	1.5	1.3	部分损坏
242	朱家桥	汀泗桥镇古塘角村	清代	石拱	1	7	10	4	4.5	桥面受损
243	平家桥	向阳湖镇北洪村	清代	石拱	1	7	10	4.5	4	结构完整
244	新桥	向阳湖镇北洪村	清代	石拱	1	10	13	4	5	可通车辆
245	商家桥	向阳湖镇广东畈村	清代	石拱	1	6	8	4	5	结构完整
246	老妈桥	向阳湖镇六三村	清代	石拱	1	3	5	4	3.5	结构完整
247	永寿桥	通城县方墩村五组	清代	石梁	5	19.5	23	1	2.5	结构完整
248	枫树桥	通城县枫树村五组	清代	石梁	4	17	20	0.7	2	桥体损坏
249	楠木桥	通城县北港大界村	清代	石拱	1	5	10	3	3	部分损坏
250	唐家畈桥	通城县北港雁门村	清代	石梁	1	4	6	0.7	2.2	年久损坏
251	太平桥	通城县北港雁门村	清代	石拱	1	5	6.5	3	2.8	台阶损毁

序号	桥梁名称	桥址乡镇	建造年代	类型	孔数	跨径(m)	桥长(m)	桥宽(m)	矢高(m)	技术状况
252	栗坪桥	通城县大坪乡	清代	石拱	1	4	7.5	2.2	3	结构完整
253	青毛咀桥	通城县易畈村	清代	石拱	1	2.7	5	2.5	3	负载凹陷
254	王家房桥	通城县方仕村六组	清代	石拱	1	3	5	2.8	2.6	结构完整
255	方仕咀桥	通城县方仕村五组	清代	石拱	1	3	4	3	2.5	结构完整
256	礓踏屋桥	通城县韩岭村二组	清代	石梁	1	5	6	0.87	1.9	结构完整
257	要紧桥	通城县韩岭村一组	清乾隆十三年	石拱	1	3	7	2.7	3.2	结构完整
258	汤家桥	通城县大坪乡沙口村	清代	石梁	8	5	40	0.97	3.3	桥墩受损
259	和尚港桥	通城县大坪乡青山村	清代	石梁	23	5	109	0.83	2.7	部分水毁
260	磨桥	通城县五里圳上村	清代	石梁	27	7.5	190	1	4.5	结构完整
261	螺蛳咀桥	通城县石南鲁湾村	清代	石梁	4	5	20	1	2.6	结构完整

附录 2　鄂南古桥建筑相关调研采集数据汇编

（部　　分）

省级重点文物保护单位——咸安区高桥

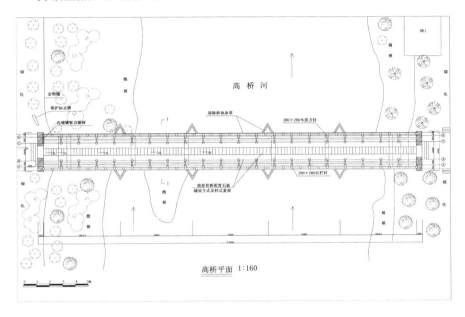

高桥平面　1∶160

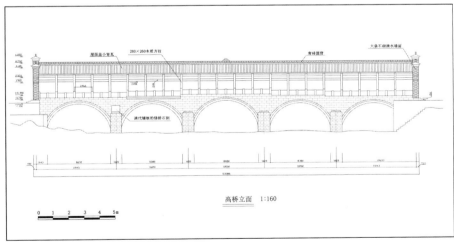

高桥立面　1∶160

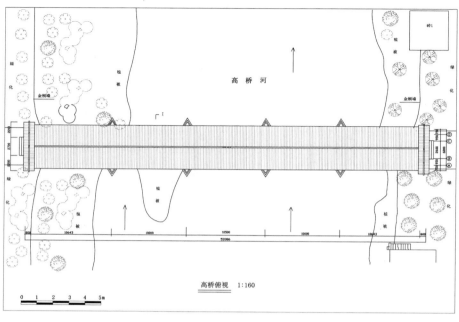

高桥俯视 1:160

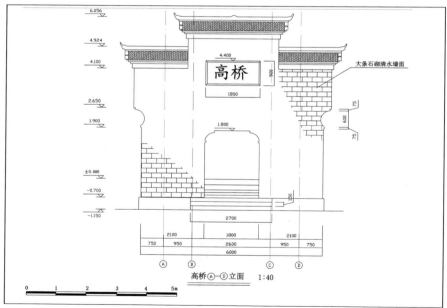

高桥Ⓐ—Ⓓ立面 1:40

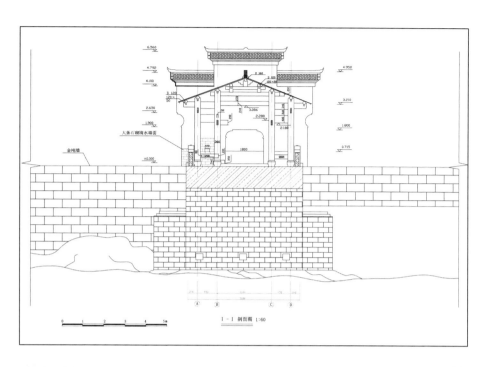

大条石砌墙水墙面

金刚墙

Ⅰ－Ⅰ 剖面图 1:60

省级重点文物保护单位——赤壁市袁家桥

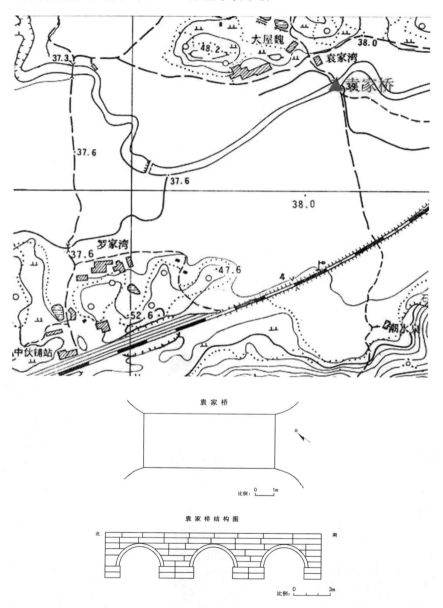

袁 家 桥

比例： 0 1m

袁 家 桥 结 构 图

比例： 0 3m

简介：赤壁市袁家桥，位于赤壁市南北向横跨大屋魏家村西北侧的小溪，为清代三孔石拱结构，桥长18m，宽3.7m，高4m，单孔跨4.8m。桥面平铺石板，桥拱采用石块纵联砌置，此桥在20世纪60年代曾局部维修过。2008年被公布为省级文物保护单位。该桥桥体较大，对于研究清代民间桥梁建筑有一定价值。

现状：桥体保存较好，桥面石块部分已毁，桥头纪年石碑已毁，桥体长有杂草。

环境：该桥位于赤壁市中部，地处丘陵地带，北边100m为大屋魏家丘岗，西南边为高山，小溪自北向南流，注入陆水河，107国道从大屋魏家村落东侧穿过，桥两边为平畈地带，大部分为水稻田。

省级重点文物保护单位——赤壁市三眼桥

三眼桥（普惠桥）结构图

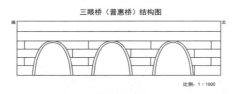

比例：1：1000

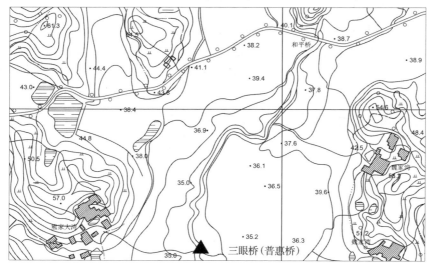

三眼桥(普惠桥)

　　简介：赤壁市三眼桥，位于中伙铺镇中伙村六组熊家湾，由青石板券拱纵联砌置，为清代三孔石拱，中间有两个桥墩。桥长27m，宽4.2m，三孔等距，孔跨5m。立有两石墩,墩距桥面1.5m,墩呈锥形,分水岭长1.2m。2006年8月当地村委会曾组织维修过桥体。桥北端立有两通石碑,一通石碑因长年风吹雨淋字迹已模糊,可辨:康熙乙丑年原修,道士熊文极造。另一通石碑为现代维修的功德碑,2008年公布为省级文物保护单位。该桥形制较特别,对于研究清代石拱桥建筑有一定价值。

现状:保存较好,有确切的纪年石碑。

环境:该桥位于赤壁市中北部,地处矮丘陵地带,古桥东西向横跨溪沟,溪沟为自北向南流向,桥的周围为大片平畈田,溪沟东西两侧300m为高山和丘岗,平畈地大部分为水稻田,丘岗地表大部分为楠竹林,村落多位于丘岗上。

省级重点文物保护单位——赤壁市白沙桥

编号	坐　标			测点说明
	纬度	经度	海拔高程	
421281 – 0009 – GD001	29°4455.9"	113°5820.4"	30m	桥面中心

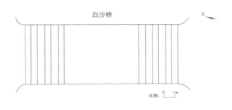

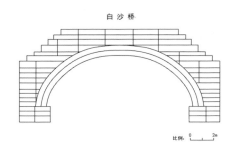

白沙桥

比例 0 2m

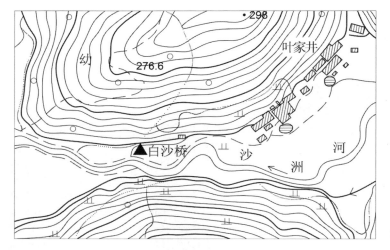

简介：赤壁市白沙桥，位于赤壁市官塘镇随阳大竹山村四组叶家井的小河上。此桥为石块垒砌而成，南北向横跨沙洲河。单孔券拱结构，券拱采用石块纵联砌置而成，桥北端现存一通石碑。该碑为记载"白沙桥"的功德碑，建于清雍正四年，光绪二年维修。桥体通长15.7m，宽5.6m，桥高7m。两端呈"八"字形，桥面中间平坦，桥面中间段两侧有一层护栏石块，两岸有石块垒砌的护坡，桥两端各有七级台阶。此桥体量较大，保存完好，且有明确的纪年石碑。2008年该桥被列为省级重点文物保护单位，为研究清代桥梁建筑提供了实物资料。

现状：保存较好，桥体整体结构保存较好，仅北侧桥面台阶因山体石块坠落砸凹陷一块。

环境：该桥位于赤壁市东北部，地处山区的山间冲沟地带，南北两侧为高山，东西面为河流冲积平畈，平畈地有较多村落，"村村通"公路从桥的北侧平畈地穿过。

编号	坐标			测点说明
	纬度	经度	海拔高程	
421281 – 0050 – GD001	29°4100.1"	114°1102.8"	242m	桥面中心

省级重点文物保护单位——赤壁市永枫新桥

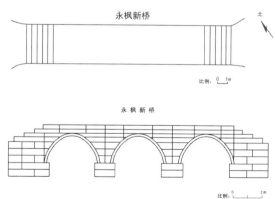

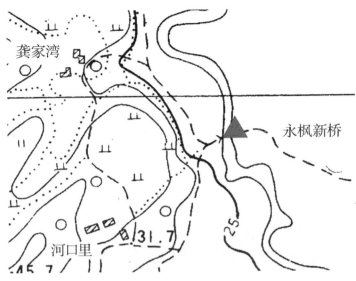

　　简介：赤壁市永枫新桥，位于赤壁市官塘镇独山村一组田畈中，东西向横跨李家港河流，桥体为石块垒砌而成，三孔券拱结构，券拱为双层，桥拱采用石块纵联砌置，桥中间设有两个桥墩，桥墩两侧砌有锥形分水岭，桥面宽3.2m，通长19m，孔高2.6m，孔跨3.6m，桥两端各有四级台阶。桥东20m处有一通捐修石碑，桥碑上记载该桥为清嘉庆二十四年捐修，字迹模糊，尚可见"永庆安澜""嘉庆二十四年"等字，该桥有确切的纪年石碑，体量较大，2008年已列为省级文物保护单位，为研究清代民间桥梁建筑工艺提供了实物资料。

　　现状：桥体结构总体保存较好，因年久失修，加之现代车辆和人们的通行，桥面的石块部分出现松动，桥两端长有杂草。

　　环境：该桥位于赤壁市北部，地处平畈地带，横跨村落前的小河，小河由北向南流向。东侧为大面积的平畈田块，桥南30m有一座清代古堰，为永枫桥堰，桥面现为"村村通"公路，西侧为丘岗，村落处于丘岗之上。

编号	坐　标			测点说明
	纬度	经度	海拔高程	
421281 – 0077 – GD001	29°4935.4"	114°0644.6"	35m	桥面中心

省级重点文物保护单位——赤壁市方家新桥

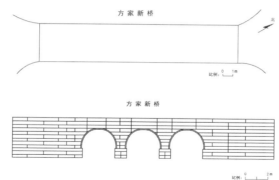

方家新桥

　　简介: 赤壁市方家新桥,位于赤壁市官塘镇独山村十九组方家湾田畈中,为石块砌筑而成,三孔券拱结构,中间设有两个桥墩,桥墩两侧有锥形分水岭,东西向横跨李家港河流,券拱采用石块纵联砌置,三孔等跨,每孔跨 3m。桥通长 25m,宽 4.8m,高 2.8m,孔高 1m,北端第一个桥拱较大,其余两孔稍小,没有发现纪年石碑,为研究清代民间桥梁建筑工艺提供了实物资料。

　　现状: 该桥为 20 世纪 70 年代按原样复修过,现为"村村通"公路桥梁,桥体总体结构保存较好。

　　环境: 该桥位于赤壁市东北部,地处平畈地带,四周为平畈水田,整个平畈沿河流分布呈南北走向,北部为大片冲积平畈,西侧平畈中间有一条"村村通"公路，南侧500m为丘岗地带。

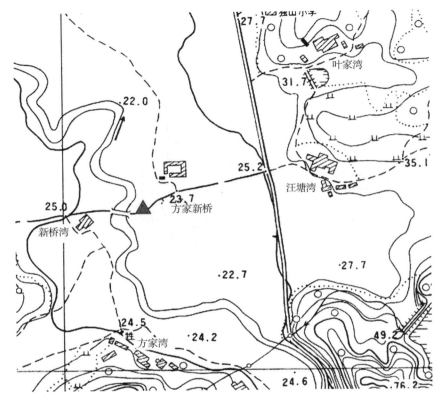

编号	坐 标			测点说明
	纬度	经度	海拔高程	
421281－0081－GD001	29°4916.9"	114°0652.6"	20m	桥面中心

省级重点文物保护单位——赤壁市东丰桥

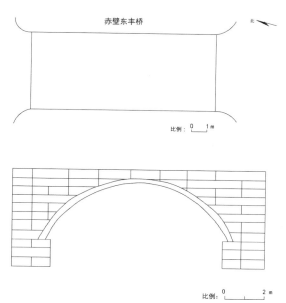

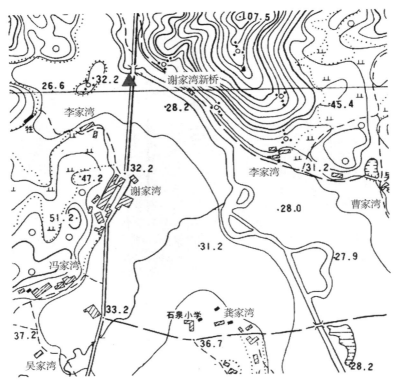

简介：赤壁东丰桥，该桥又名谢家湾新桥，处于赤壁市官塘镇石泉村七组谢家湾乌龟墩山东北 30m 处。为石块砌筑而成，南北向横跨小溪，单孔券拱结构，券拱采用石块纵联砌置，桥体两端呈倒"八"字形，桥面通长 12m，宽 4m，高 3m。桥面两侧各有一层用石块砌的护栏，此桥于 1974 年维修过，现为官塘至泉口"村村通"公路桥梁。该桥保存较好，为研究清代民间桥梁建筑工艺提供了实物资料。

现状：此桥是 20 世纪 70 年代维修过，总体保存较好。

环境：该桥位于赤壁市东北部，紧临龚家圆山，地处平畈地带。西侧为丘岗地带，南面为平畈地带，平畈沿河流走向，河流呈南北走向，村落多处于丘岗山脚。

编号	坐标			测点说明
	纬度	经度	海拔高程	
421281－0082－GD001	29°4835.9"	114°0704.9"	31m	桥面西端

省级重点文物保护单位——赤壁市枫桥

枫 桥

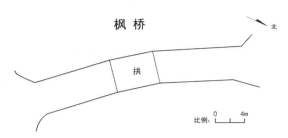

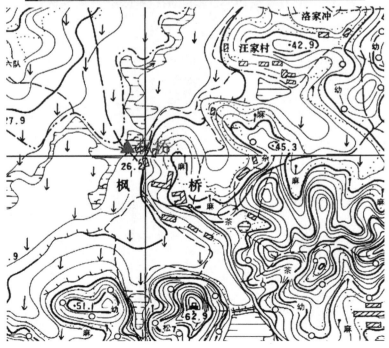

简介:赤壁市枫桥,位于赤壁市车埠镇车埠枫桥村七组枫桥小学北侧200m平畈地中间,此桥整体平面呈"八"字形,桥朝东边,单孔拱券结构,南北向横跨平畈中间的小河,桥面于2006年修建"村村通"公路时覆盖,桥体保存较好,桥拱位于桥的南部,单孔,孔跨约6m,高5m,北部引桥长12m,桥面通长28m,宽4.5m,高约5m,此桥北端以前有一座功德碑亭,并有纪年石碑,"文化大革命"期间被破坏,于2008年被列为省级文物保护单位。枫桥体量较大,风格较特殊,为研究清代桥梁建筑工艺提供了实物资料。

现状:保存较好,只是桥面被"村村通"水泥公路覆盖。

环境:该桥位于赤壁市西南部,地处平畈地带,平畈田呈东西向狭长形,平畈地中间有一条小河,河流自东向西流,平畈带沿河流分布,平畈南北两侧为丘岗,北边为涂家湾和枫桥十六队自然村落,南侧为村委会。

编号	坐　标			测点说明
	纬度	经度	海拔高程	
421281 – 0142 – GD142	29°4516.9"	113°3932.0"	29m	桥面中心

省级重点文物保护单位——赤壁市万安桥(过河桥)

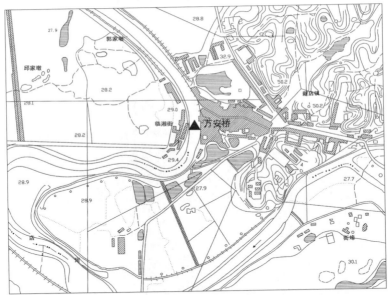

　　简介：赤壁市万安桥，又称过河桥，位于赤壁市南端新店镇老街南潘河上，连接湖北省赤壁市与湖南省临湘市滩头镇，呈南北跨向，为石板桥。桥中间有 7 个桥墩，桥墩为青石块垒砌，桥面原为青石板，现改修为钢筋水泥板，桥墩间距约 15m，桥面宽 2m，墩高约 7～9m，桥连接两省。桥南为湖南省临湘市，桥北为湖北省新店石板街。桥墩两侧有锥形分水岭。该桥在清同治五年（1866 年）《蒲圻县志》载：此桥名为永安桥，清道光丁丑年曾永清倡修。于2008 年 3 月 27 日公布为省级文物保护单位。该桥为研究清代桥梁建筑工艺

提供了实物资料。

现状：保存较好，老桥由于洪水冲刷，已毁。新店政府于 1991 年将该桥翻修，现桥面为钢筋水泥板。

环境：该桥位于赤壁市南部，横跨湖南与湖北两省交界的潘河，潘河自东向西流入长江，桥两岸房屋较多，北岸为湖北省赤壁市新店镇，南岸为湖南省临湘市坦渡乡，周围为大片平畈地。

编号	坐　标			测点说明
	纬度	经度	海拔高程	
421281 – 0225 – GD225	29°38′42.2″	113°40′31.4″	32m	桥面中心

省级重点文物保护单位——赤壁市太平桥

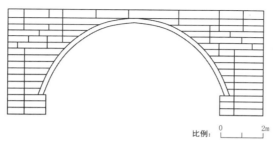

比例：0　　2m

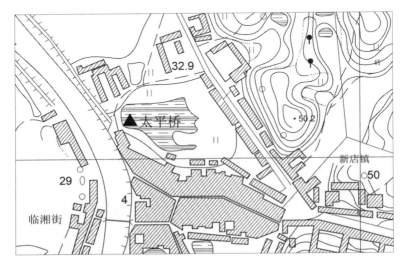

简介：赤壁市太平桥，位于赤壁市新店镇老街以西潘河北岸，为青石块垒砌而成，单孔券拱结构，东西向横跨小溪，桥通长13m，宽4.7m，高6.2m，孔高4.9m，单层券拱，券拱采用青石块纵联砌置而成，桥面铺有条石，桥面两侧砌有一层条石做护栏，桥两端潘河岸有石块垒砌护坡，桥面石板有独轮车碾压痕。2008年公布为省级文物保护单位。该桥处于新店明清石板街的西端，也是明清羊楼洞茶叶外运的通道，为研究明清时期桥梁建筑和羊楼洞茶叶之路提供了实物资料。

现状：保存较好。

环境：该桥位于赤壁市南部，地处平畈地带，桥东端连新店明清石板街，西接夜珠桥村，处于潘河的北岸，潘河南岸为湖南省境，镇区以北为连绵丘岗。

编号	坐 标			测点说明
	纬度	经度	海拔高程	
421281－0228－GD001	29°3826.8"	113°4042.6"	34m	桥面中心

省级重点文物保护单位——赤壁市珠桥

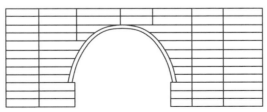

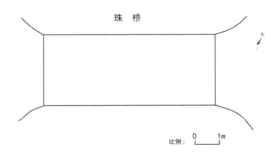

珠 桥

比例： 0   1m

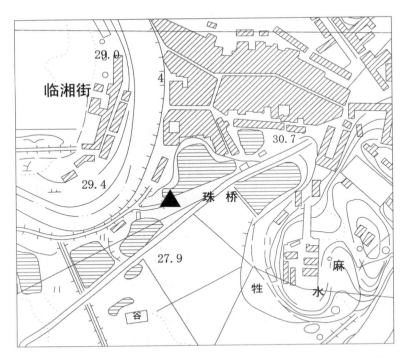

简介：赤壁市珠桥,位于赤壁市新店镇老街以东100m潘河北岸,桥截面呈梯形,平面向左微弧,桥东西向横跨小溪,桥通长10m,宽5m,高5m,孔高3.2m。单孔券拱结构,采用青石块垒砌而成。券拱较小,单层结构,采用石块纵联砌置,南面紧临潘河,河对岸即为湖南省坦渡乡,桥西边接明清石板古街,东边为夜珠桥村,桥两端各有一个码头,桥体也当作码头的护坡,因此砌成"梯形"。该桥处于新店老街的东端,是明清时期羊楼洞茶叶的运输通道,为研究清代桥梁建筑工艺和羊楼洞茶叶之路提供了实物资料。

现状：保存较好,桥面石块已毁,两侧护栏已毁,桥面铺有砖渣,20世纪90年代当地村落组织维修过。

环境：该桥位于赤壁市南部地处平畈地带,桥东端连新店明清石板街,东接夜珠桥村,处于潘河的北岸,潘河南岸为湖南省境,镇区以北为连绵丘岗。

编号	坐　标			测点说明
	纬度	经度	海拔高程	
421281 – 0229 – GD229	29°3840.6″	113°4024.0″	35m	桥面中心

省级重点文物保护单位——赤壁市斗门桥

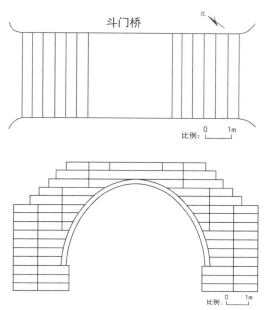

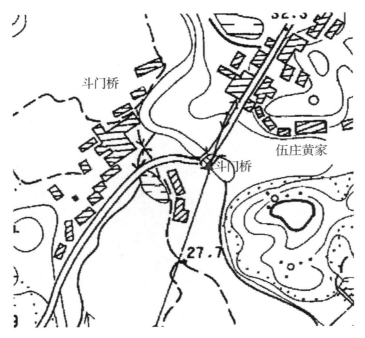

简介：赤壁市斗门桥，位于赤壁市车埠镇斗门桥村二组斗门桥街道，北距斗门桥乡政府约400m，东距伍庄黄家村落约100m，西北为至洪山的公路，西距曾家湾村落约600m，南距潘家庄村落约600m。为石块垒砌而成，南北向横跨小溪，单孔券拱结构，券拱采用石块纵联砌置，桥两岸有石块砌筑的护坡，呈"八"字形，桥两端各有三步台阶，桥面中心平铺青石板，桥长9m，宽3.6m，高3m，桥中心面长4m。据当地村民讲，此桥也叫卢氏桥，为清代卢老儒人修建。斗门桥为研究清代桥梁建筑工艺提供了实物资料。

现状：桥的整体结构保存较好，仅部分护坡垮塌。

环境：该桥位于赤壁市中南部，地处低矮丘岗地带，南侧为平畈，地表为水稻田。北侧为连绵丘岗，桥下有一条小溪沟，溪沟流向为由南向北。斗门桥至新店公路从桥的东部穿过，北面紧临斗门桥街道，西北为至洪山的公路。

编号	坐　标			测点说明
	纬度	经度	海拔高程	
421281 – 0321 – GD321	29°4243.7"	113°4347.0"	26m	桥面中心

省级重点文物保护单位——嘉鱼县净堡桥

编号	坐 标			测点说明
	纬度	经度	海拔高程	
421221－0040－GD001	30°0122.2"	114°0539.2"	33m	桥面中间

　　简介: 嘉鱼县净堡桥,为元代单孔石拱桥,全长64m、宽6m、高7m,其中部分高3.4m,孔跨8m,桥拱发券为镶边纵联砌置法。为西北—东南走向,桥拱上方桥面各砌有三级台阶,桥拱至西湾桥头间另砌有二级台阶,桥拱上方西南面刻有"净堡桥";东北面刻有"万古千秋";拱内正上方顶端石板刻有八卦图案,两边分别刻有"光绪三十三年岁次丁末吉立""四月七日上梁正遇紫徽星"等阴刻图文。

　　现状: 2008年5月,对桥体坍塌部分进行了全面整修。现为村村通公路桥。

　　环境: 桥两端为山丘,跨于湖港上。现湖港废弃拦筑为鱼塘。

省级重点文物保护单位——嘉鱼县下舒桥

编号	坐　标			测点说明
	纬度	经度	海拔高程	
421221 – 0043 – GD001	29°5057.0"	113°5350.0"	27m	桥面中间

简介：嘉鱼县下舒桥，位于湖北省咸宁市嘉鱼县官桥镇大牛山村七组魏家湾旁的舒济港上，始建于元代至正元年（1341 年），由嘉鱼县知县李夔主持修建［同治五年（1866 年）《嘉鱼县志》记载］。该桥为单孔石拱桥，主桥长 16.5m、宽 4.8m、高 4.7m，孔跨 5m，其西北面两侧桥头护坡及部分桥体于 1996 年 7 月间被大水冲塌部分条石砌块，西南面桥头建有附属建筑。从桥拱镶边纵联发券形制看，最后一次维修时间应为明清时期，但挡水面桥体的建筑形式，仍保留着元代的建筑风格。因史料记载不完整，桥上原有三块碑刻于 20 世纪五六十年代兴修农田水利用于砌筑水库，最后一次维修的确切时间难以界定。1992 年 6 月 15 日，嘉鱼县人民政府将下舒桥列入第一批县级重点文物保护单位；2002 年 11 月，湖北省人民政府将其列为第四批湖北省文物保护单位名单；2003 年 5 月县人民政府办公室发文《县人民政府办公室关于公布净堡桥下舒桥咸宁堤记碑保护范围和建设控制地带的通知》，2008 年 7 月县人民政府向省文物事业管理局递交了《嘉鱼县人民政府关于呈报省保单位保护范围和建设控制地带的函》。

现状：2003 年 11—12 月对坍塌部分进行了抢救性维修；2009 年 6 月，对桥体挡水面坍陷部分进行了抢救性维修，现为"村村通"公路桥。

环境：该桥跨于舒济港上，桥两头为大牛村七组魏家湾，东北距武蒲公路约 300m，村村通的公路从桥上经过。

人文：据县志记载，当地有一个姓舒的员外，他有三个女儿。有一年端午节泛舟舒济港不慎翻船死去，为纪念亡女，舒员外捐款在舒济港修建了上舒桥、中舒桥和下舒桥三座石拱桥。历经六百年的岁月苍桑，现仅存下舒桥。

附录3　鄂南古桥建筑
"乡野"艺术之美

省级重点文物保护单位——咸安区清代万寿桥

省级重点文物保护单位——咸安明清白沙桥

省级重点文物保护单位——咸安区刘家桥

咸安区重点文物保护单位——咸安区清代北山寺桥

国家级重点文物保护单位——咸安区汀泗桥

丛林浸染、溪水为伴、乡野大美——崇阳县斤丝桥

后 记

乡情,是一种对故土难以割舍的情怀。常言道,一方山水养育一方人。我出生在咸宁——这个位于湖北省南部,幕阜山下,淦河水畔的乡土小城之中。二十年的成长记忆,使得鄂南的人文山水、风土桥梁无时无刻不深深地隽刻在我的脑海里。求学路上背着书包往返于古桥之间,田间地头嬉耍玩匿于小桥上下,梁桥椅座上倾听着老人诉说鄂南古桥的过往……一座座横跨在鄂南山水、田埂间的古桥,架起的不仅是我儿时成长的记忆,还有我对鄂南乡土的一丝丝眷恋。也正是因为这一份无法割舍的"乡情",使得我运用所学去感恩回报故土养育之情的意愿也越发强烈。

乡愁,则是一份对家乡淡淡忧伤的情思。对家乡文化的研究落实,却源于湖北省教育厅鄂南文化中心的一次邀约,这次不谋而合的思维碰撞,以及地域文化发展困境的忧思,进一步加深了我对乡土文化记忆与发展的一份"乡愁"。而记录一方乡土建筑,展现一方社会的文化,留存一份对鄂南乡土文化的印迹,也成了我撰写这本书的初衷。

追寻,即为一股对家人真挚情感的回报。本书得益于中南民族大学中央高校基本科研业务费专项资助(立项编号:CSH18013);成稿于湖北省社科基金项目、湖北省普通高校人文社会科学重点研究基地基金资助项目等各级各类基金项目不同阶段、不同层面的前期基础研究之上;感谢诸如:鄂南文化中心、咸宁市博物馆、赤壁市群艺馆等不同县市机关、行政部门或研究机构,在此研究过程中给予的技术支持与资源分享。此外,也要感谢中南民族大学美术学院对于本书研究工作的鼎力支持。对张颖、王怡清、李紫含、王亚楠、王宪舟、肖雪、郭耀坤等学生,利用假期、课余多次参与调研、测绘、记录、走访,并实测绘制高桥、袁家桥、白沙桥、方家新桥、万安桥、珠桥、净堡桥、下舒桥、东丰桥、汀泗桥、永枫新桥、枫桥、刘家桥等古桥图样的热情,在此一并谨表谢忱。

缅怀的，或是过往；憧憬的，却是未来。鄂南古桥是鄂南古代匠师实践和智慧的结晶，是鄂南人民留存的一份丰富的历史文化遗产。本书并不企图通过对鄂南乡野古桥的研究得到关于文化的普遍整理，也无意去构建庞大的理论框架，仅希望通过记录与阐释，再绘鄂南乡土古桥的乡野峻秀之美与淳朴厚重的人文之韵，并尝试通过对鄂南古桥保护现状的分析，探讨其未来可能的走向，为协调统筹开发利用鄂南地区文化资源，提升地方文化软实力和竞争力，实现古桥文化、经济、社会一体协同与可持续发展献上一份微薄之力。

由于笔者的学识能力所限，加之编辑撰写时间仓促，文中难免会有差错或不足，还敬请各位读者、方家不吝批评指正。

2019 年 1 月

图书在版编目（CIP）数据

乡野古桥：鄂南地区现存古桥建筑艺术研究/夏晋著. —北京：人民出版社，2019.4
ISBN 978 - 7 - 01 - 020459 - 8

Ⅰ. ①乡… Ⅱ. ①夏… Ⅲ. ①桥—古建筑—建筑艺术—研究—湖北 Ⅳ. ①TU - 092.2

中国版本图书馆 CIP 数据核字（2019）第 034860 号

乡野古桥：鄂南地区现存古桥建筑艺术研究
XIANGYE GUQIAO：E'NAN DIQU XIANCUN GUQIAO JIANZHU YISHU YANJIU
夏　晋　著

责任编辑：巴能强
出版发行：人 民 出 版 社
地　　址：北京市东城区隆福寺街 99 号
邮　　编：100706
邮购电话：（010）65250042　65258589
印　　刷：环球东方（北京）印务有限公司
经　　销：新华书店
版　　次：2019 年 4 月第 1 版　2019 年 4 月北京第 1 次印刷
开　　本：710 毫米×1000 毫米　1/16
印　　张：16.25
字　　数：206 千字
书　　号：ISBN 978 - 7 - 01 - 020459 - 8
定　　价：52.00 元